"玩转科学"系列

# 再造另一个你自己

## ——克隆与仿生

总 主 编　杨广军

副总主编　朱焯炜　章振华　张兴娟
　　　　　胡　俊　黄晓春　徐永存

本册主编　宁梦丽

本册副主编　李亚芳　苏培培

上海科学普及出版社

**图书在版编目（CIP）数据**

再造另一个你自己 ：克隆与仿生/宁梦丽主编.
—上海：上海科学普及出版社，2012.1(2018.4 重印)
(转玩科学系列/杨广军主编)
ISBN 978-7-5427-5019-8

Ⅰ.①再… Ⅱ.①宁… Ⅲ.①克隆-普及读物②仿生
-普及读物 Ⅳ.①Q785-49②Q811-49

中国版本图书馆 CIP 数据核字(2011)第 147900 号

**组　　稿**　胡名正　徐丽萍
**责任编辑**　李重民
**统　　筹**　刘湘雯

"转玩科学"系列
**再造另一个你自己**
——克隆与仿生
总主编　杨广军
副总主编　朱焯炜　章振华　张兴娟
胡　俊　黄晓春　徐永存
本册主编　宁梦丽
本册副主编　李亚芳　苏培培
上海科学普及出版社出版发行
(上海中山北路 832 号　邮政编码 200070)
http://www.pspsh.com

---

各地新华书店经销　北京兴湘印务有限公司印刷
开本 787×1092　1/16　印张 15　字数 230 000
2012 年 1 月第 1 版　　2018 年 4 月第 3 次印刷

---

ISBN 978-7-5427-5019-8　　定价：29.80 元

# 卷首语

种子落地，生根发芽；蚕蛹挣扎，破茧成蝶。一切都是那么地井然有序。没有人去怀疑，也没有人去质问。种瓜得瓜，种豆得豆，本该如此，也许地球就是这样变化着的……

终于有一天，人们不甘于只是肤浅地了解，不甘于只是泛泛地探索，他们地深入地思考生命发展的真谛。于是人们开始困惑，开始努力，开始寻找。那么现在就让我们一起走进本书，走进生命的世界，思考生命的奇幻和改变，玩转克隆与仿生，再造另一个你自己吧……

# 目 录

## 没有做不到　只有想不到——克隆的兴起、发展及应用

## 逆转生命的时钟——动物克隆技术



## 摘抄上帝的笔记——仿生与仿生学

目　录

# 没有做不到　只有想不到

## ——克隆的兴起、发展及应用

1876 年电话发明以前，你可曾想过，两个见不着面的人可以通过一根线尽情沟通？1879 年电灯发明以前，你可曾想过，白天过后，光亮可以依旧？1969 年宇宙飞船升空以前，你可曾想过，人类能够与遥不可及的月亮来一次亲密接触？这个世界就是这样，没有做不到，只有想不到，做到做不到，一试便知道。那么，现在的你可曾想过在未来的某一天，我们每个人都可以拥有一个跟自己长得一模一样的双胞胎兄弟姐妹？20 世纪 50 年代以来，一些故事正在进行，一些奇迹正在发生……

# 知其然并知其所以然
# ——克隆的定义

◆克隆技术

克隆技术自诞生以来，便以迅雷不及掩耳之势风靡全球，引起了生物、医学、园艺等各大领域的强烈关注。但之后引出的克隆人等一系列问题，又被伦理界争议不休。有人说，克隆技术的出现，是21世纪的一大创举，也有人说它是噩梦的开始。那么，到底什么是真正的克隆技术？克隆技术为什么会给人们带来如此多的惊喜和恐慌？现在，就让我们一同走进克隆的世界。



## 微生物与克隆

◆形态各异的微生物

自打列文虎克发明了显微镜，我们才知道，原来在这个世界，除了动物、植物外，竟然还存在着如此丰富多彩的微生物世界。微生物虽个体微小，但却与我们人类有着非常密切的关系。在正常人体大肠内，有50～60种细菌，它们可以帮助人类将大肠内的食物残渣吞噬分解。我们人类的口腔里也生活着80多种微生物。那么，为什么要提到微生物？它与我们今天要了解的克隆技术有关系吗？答案当然是肯定的。因为我们所掌握的克隆技术，最早就是从微生物那里开始的。

微生物无处不在，个体微小，数量巨大。大家有没有过这样的疑问：它们是从哪里来的呢？它们的爸爸妈妈是谁呢？它们是怎么被“生”出来的呢？想要弄清楚这个问题，我们首先要知道到底什么是克隆。

## 克隆的定义

◆葡萄的克隆式繁殖

◆克隆

克隆是英文“clone”的音译，而英文“clone”则起源于希腊文“Klone”，其原意是指幼苗或嫩枝，现指以无性繁殖或营养繁殖的方式培育植物，如扦插和嫁接。谈家桢先生在《奇妙的克隆》一书中对克隆作出如下定义：一个细菌经过20分钟左右就可一分为二；一根葡萄枝切成十段就可能变成十株葡萄；仙人掌切成几块，每块落地就生根；一株草莓依靠它沿地“爬走”的匍匐茎，一年内就能长出数百株草莓苗……凡此种种，都是生物靠自身的一分为二或将自身的一小部分进行扩大来繁衍后代，这就是无性繁殖，即克隆。

看到这里，大家是不是已经猜到微生物是怎么“出生”的了？我们知道，细菌是微生物的一种，它的繁殖是通过二裂式进行的，即一个细菌通过对自身遗传物质的复制，然后等分到自身的两端，最后从中间形成细胞

壁，裂开行成两个完全相同的个体。也就是说，微生物是被一次又一次“克隆”出来的。

可以说，微生物是克隆事业的先祖，科学家们就是模仿微生物和植物的无性生殖，创造出了克隆技术。经过不断发展，如今“克隆”的含义已不仅仅指“无性繁殖”，只要是来自同一个祖先，无性繁殖出一群个体，都叫“克隆”。也就是说，生物体通过体细胞进行无性繁殖，以及由无性繁殖形成的、基因型完全相同的后代个体所组成的种群就是“克隆”。克隆也可以理解为复制、拷贝，就是从原型中产生出同样的复制品，它的外表及遗传基因与原型完全相同。

**比一比**

克隆与无性繁殖并不是完全相同的。无性繁殖是指不经过雌雄两性生殖细胞的结合、只由一个生物体产生后代的生殖方式，常见的有孢子生殖、出芽生殖和分裂生殖。由植物的根、茎、叶等经过压条或嫁接等方式产生新个体也叫无性繁殖。绵羊、猴子和牛等动物没有人工操作是不能进行无性繁殖的。科学家把人工操作动物无性繁殖的过程叫克隆，这门生物技术叫克隆技术。



## 克隆的基本过程

克隆技术的基本过程，是先将含有遗传物质的供体细胞的细胞核移植到去除了核的卵细胞中，利用微电流刺激等使两者融合为一体，然后促使这一新细胞分裂繁殖发育成胚胎；当胚胎发育到一定程度后，再植入动物子宫中使动物怀孕，便可产下与提供细胞核者基因型相同的动物。这一过

◆克隆猴

程中如果对供体细胞进行基因改造，那么无性繁殖的动物后代基因就会发生相应的变化。

克隆技术不需要精子和卵子的结合，只需从动物身上提取单细胞，用人工的方法将其培养成胚胎，再将胚胎植入雌性动物体内，就可孕育出新的个体。这种以单细胞培养出来的克隆动物，具有与单细胞供体完全相同的特征，是单细胞供体的“复制品”。克隆技术的成功，被人们称为“历史性的事件，科学的创举”。有人甚至认为，克隆技术可以同当年原子弹的问世相提并论。

## 名人介绍——伟大的列文虎克

◆列文虎克

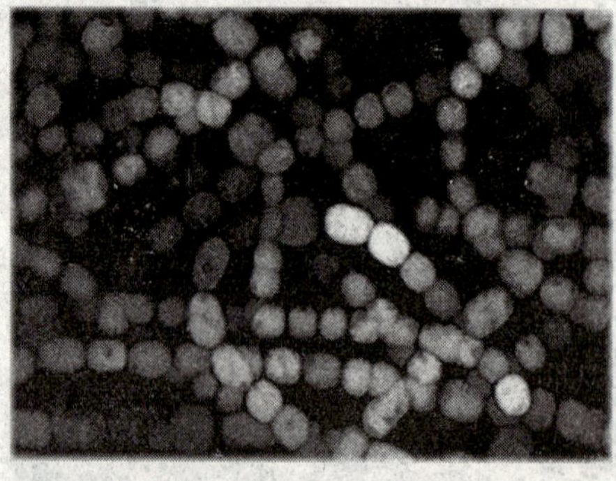
◆念珠状的微生物

列文虎克是代尔夫特市政厅的一位看门人生活并不富裕。他从一位朋友那里得知，放大镜可以把看不清的小东西放大，但价值昂贵。可是他很想拥有一架属于自己的放大镜。于是他便自己开始磨镜。

看门人的工作清闲，列文虎克便利用自己的充裕时间，耐心地磨制起镜片来。

经过辛勤劳动，他终于磨制出一块小小的透镜。由于镜片实在太小了，他就做了一个架子，把这块小小的透镜镶在上边，看东西就方便多了。

后来，经过反复琢磨，他又在透镜的下边装了一块铜板，上面钻了一个小孔，以使光线从这里射进而反照出所观察的东西来。这就是列文虎克所制作的第一架显微镜，它的放大能力相当大，竟超过了当时世界上所有的显微镜。

几年以后，列文虎克所制成的显微镜不仅越来越多和越来越大，而且也越来

越精巧和越来越完美了，以致能把细小的东西放大到两三百倍。

列文虎克也因此成了英国皇家学会的会员。

1. 想一想，列文虎克的故事给了我们什么启示？
2. 微生物是怎样进行繁殖的？
3. 克隆和无性繁殖有什么区别？
4. 想一想我们身边都有哪些克隆的例子？

# 克隆的先知
# ——植物的营养繁殖

我们在前一节中已经了解了植物是怎样被“生”出来的。它可以通过营养器官的“克隆”，长出一个新的个体，并且新个体与原植株几乎一模一样。那么，为什么它能够如此“不走寻常路呢”？上帝赋予了它怎样的特权呢？本节内容将带领大家一同进入植物的世界，了解这些特别的物种。

◆植物的营养器官



## 营养繁殖

◆营养繁殖

营养繁殖是植物繁殖方式的一种，它不通过有性途径，而是利用叶、茎、花等营养器官繁殖后代。

具体的流程如下：植物体的一部分在脱离植物体后仍然能够存活，并且长成一株拥有其母本原有性状的植物，如落地生根、马铃薯的块茎、竹子的根状茎等，都是可以进行营养繁殖的器官。

如果人为取部分植物体来繁殖植物，就是人工营养繁殖。人工营养繁殖的方式有：压条、扦插、嫁接、组培等等。在生产实践中，那些无法用种子繁殖的植物，或者用种子很难繁殖的植物，都可以通过营养繁殖来实现。另外，在农业中通过营养繁殖来培育果树，能够保持果树的优良性状。

营养繁殖有多种形式，有的植物茎尖会形成特殊的冬芽作为营养体，如狸藻、貉藻、虾藻、日本天胡荽；有的在腋芽形成肉质化的幼株，如赤车使者、卷丹；也有花序中芽的一部分变成叶芽，如天柱兰属的、南芥属；还有由地下器官、叶形成苗的，如菊芋、耳蕨属等等，这些都是母株营养体的一部分变成下一代幼苗的实例。

脑筋转转转

**为什么植物会进行营养繁殖呢？**

在竞争激烈的自然选择中，只有适者才能生存。植物在进化过程中会出现有利于生存的突变株，但是突变的频率较低，为了能够更好地保存优势植株，植物想到了一个非常聪明的办法，那就是通过营养体直接“复制”出下一代，大大节省了繁殖时间，而且还能很好地保存突变株。

## 人工营养繁殖的方法

营养繁殖成功的前提条件是，脱离母体的营养器官必须具有再生的能力，能在离体的部分长出不定根、不定芽，从而发展成为新的独立生活的植株。营养繁殖的后代优于亲代。由于营养繁殖的诸多优势，人们广泛将其应用于花卉和果树的栽培中，大大提高了生产时间和效率。

◆月季的扦插

营养繁殖有以下四种方式：

分根

用于夹竹桃、腊梅等灌木，它们的丛

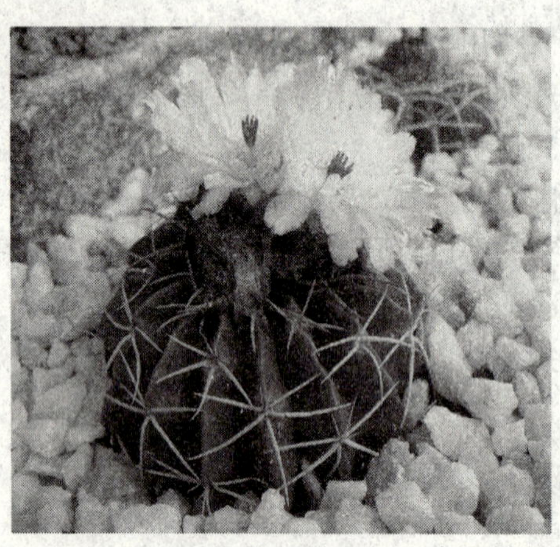
◆嫁接的仙人球

生茎下各自都有根，可以直接把它们分开，成为独立的植株。这种繁殖方式叫分根。

压条

用于桑、夹竹桃等植物，可以选择树上较长的枝条，把它弯下来，压埋在土中，压埋的枝条部分长出根后，再把枝条与母体截断，长成新的植株。这种方式就是叫压条。



压条

用于月季、柳树、葡萄等植物，可以剪取植物上带芽的枝段，插入土中，不久这些枝段就会生根发芽，长成新的植株。这种方式叫扦插。

嫁接

用于橘、桃等果树，可以将它们的枝或芽接到另一种植物的茎或根上，使两者的形成层（茎中具有分生能力的组织）上紧贴，不久它们就会长成一体，成为一株新植物。这种繁殖方法叫嫁接。

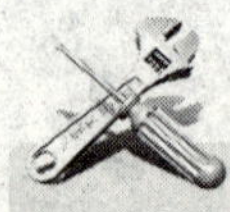

## 营养繁殖的实例——草莓的匍匐茎繁殖

种植草莓可不像我们种植其他植物一样，把种子埋进土壤，施肥，管理，然后收获果实。种植草莓通常采用的是匍匐茎繁殖法，因为采用草莓籽来繁殖草莓成活率很低，且难度大，不适宜生产。为了保证草莓苗的数量、草莓产量和草莓苗的健壮，一般采用营养繁殖的方法。

要想更好地种植草莓，最好选择在夏季，因为夏季是植物生长繁殖的茂盛期，此时种植成活率高。草莓的腋芽刚发出时向上生长，长到接近叶面高度时即开始平卧地面延伸生长，形成了细长而柔软的匍匐茎。匍匐茎从母体

◆草莓的匍匐茎繁殖法

向四周蔓延。匍匐茎伸长一定长度后形成第一个节，其上形成一个苞片和第一节腋芽，再生长形成第二个节、第三节点、第四节点等等……在节点处长出不定根扎入土中，形成草莓苗。依此类推，可形成一个网状的匍匐茎分枝结构。

不同时期发生的匍匐茎子株草莓苗质量相差较大，草莓匍匐茎一般在4～9月发生。同一植株上通常早期形成的匍匐茎草莓苗质量较好，离母株近的生长发育较好，代次越高的匍匐茎苗的新茎粗度越细。大面积种植时则要注意除草、浇水、防虫防病、摘除老叶等。

**比一比**

**草莓的匍匐茎繁殖法**

营养繁殖广义上是与无性繁殖作为同义词而使用的，狭义上是指不包括细胞繁殖的孢子繁殖和无配子繁殖的无性繁殖而言。营养繁殖一词多用于植物，而动物则习惯于用无性繁殖。

1. 想一想你身边还有哪些植物是进行营养繁殖的?
2. 植物为什么要进行营养繁殖?
3. 人工营养繁殖都有哪些方法?
4. 人工营养繁殖的好处?

# 让臆想不再只是空谈——克隆技术的诞生

◆韩国的克隆宠物狗

正所谓“取其精华，剔其糟粕”，植物的营养繁殖有如此多的好处，能够继承上代植株的优良性状，能够加速生长，跨越发育阶段直接开花、结果等等。那么动物能否从中得到些许启示？动物能否打破常规，迈出向无性生殖的第一步呢？科学家们早已想过这个问题，并一步一步地向实践迈出，今天我们就一同回顾一下克隆诞生的那些峥嵘岁月……

## 人工克隆

◆漂亮的双胞胎们

我们已经知道在自然界中有不少植物生来就具有克隆本领，如番薯、马铃薯、玫瑰等能够进行插枝繁殖。而动物其实也存在天然的克隆技术，例如：同卵双胞胎实际上就是一种克隆。然而，天然的哺乳动物克隆的发生率极低，成员数目太少，且缺乏目的性，所以很少能够用来为人类造福，因此，人们开始探索用人工的方法来提高高等动物克隆的概率。于是克隆技术一词便诞生了。

## 克隆技术的内容

◆被广泛应用于克隆实验的动物——鱼类

目前，哺乳动物的克隆方法主要有胚胎分割和细胞核移植两种。

胚胎分割技术是指借助显微操作技术或徒手操作方法将早期胚胎切割成二、四等多等份，再移植给受体母畜，从而获得同卵双胎或多胎的生物学新技术。

细胞核移植技术是指将不同发育时期的胚胎或成体动物的细胞核，经显微手术和细胞融合方法移植到去核卵母细胞中，重新组成胚胎并使之发育成熟的过程。克隆羊“多利”以及其后各国科学家培育的各种克隆动物，采用的都是细胞核移植技术。与胚胎分割技术不同，细胞核移植技术，特别是细胞核连续移植技术，可以产生无限个遗传相同的个体。由于细胞核移植是产生克隆动物的有效方法，故人们往往把它称为动物克隆技术。

## 克隆技术的从无到有

用金鱼做实验材料有哪些好处？

用细胞核移植的技术来克隆动物的设想，最初由汉斯·施佩曼在1938年提出，他称之为“奇异的实验”，即从发育到后期的胚胎（成熟或未成熟的胚胎均可）中取出细胞核，将其移植到一个卵子中。这一设想是现在克隆动物的基本途径。从1952年起，科学家们首先采用青蛙开展细胞核移植克隆实验，通过实验，科学家们先后获得了蝌蚪和成体蛙。

1963 年，中国童第周教授领导的科研组首先以金鱼为材料，研究了鱼类胚胎细胞核移植技术，获得成功。

1964 年，英国科学家格登将非洲爪蟾未受精的卵用紫外线照射，破坏其细胞核，然后从蝌蚪的体细胞——一个上皮细胞中吸取细胞核，并将该核注入核被破坏的卵中，结果发现有 1.5%这种移核卵分化发育成为正常的成蛙。格登的试验第一次证明了动物的体细胞核具有全面性。

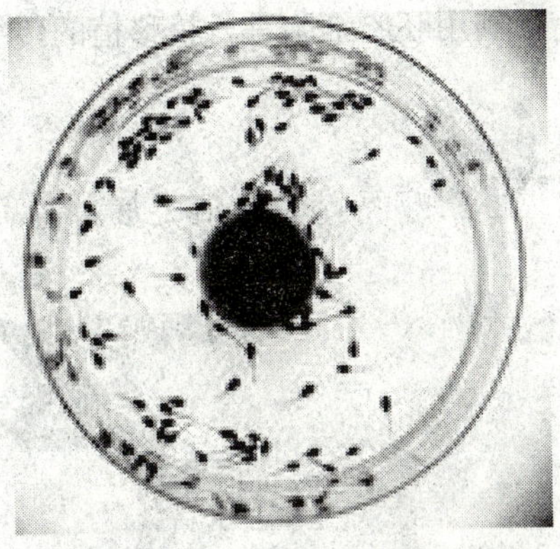

◆小蝌蚪

哺乳动物胚胎细胞核移植研究的最初成果是在 1981 年取得的。卡尔·伊尔门泽和彼得·霍佩用鼠胚胎细胞培育出发育正常的小鼠。1994 年，尼尔·菲尔斯特用发育到至少有 120 个细胞的晚期胚胎克隆牛。到 1995 年，在主要的哺乳动物中，胚胎细胞核移植都获得成功，包括冷冻和体外生产的胚胎；对胚胎干细胞或成体干细胞的核移植实验，也都做了尝试。但到 1995 年为止，成体哺乳动物已分化细胞核移植一直未能取得较高的突破。

◆伊恩和多利



而 1996 年 7 月 5 日，克隆绵羊“多利”的诞生打破了分化细胞不能进行核移植的克隆技术僵局。“多利”是用多塞特母绵羊的乳腺上皮细胞作为供体细胞，与苏格兰黑脸羊的去核卵子进行融合形成的融合细胞发育而来的。它翻开了生物克隆史上崭新的一页，突破

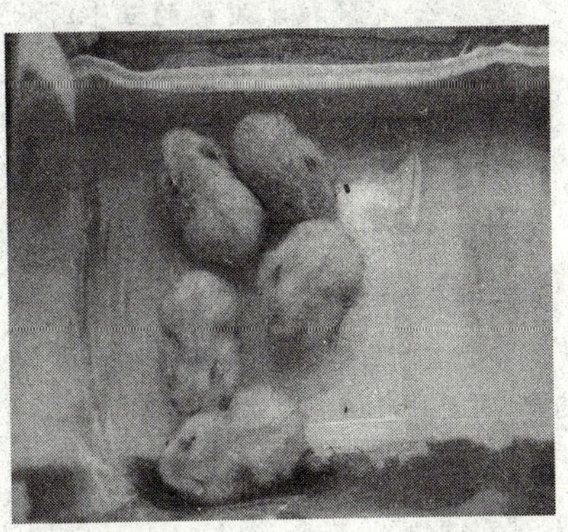

◆ 克隆小鼠

了利用胚胎细胞进行核移植的传统方式，使克隆技术有了长足的进展。

## 克隆技术的发展历程简述

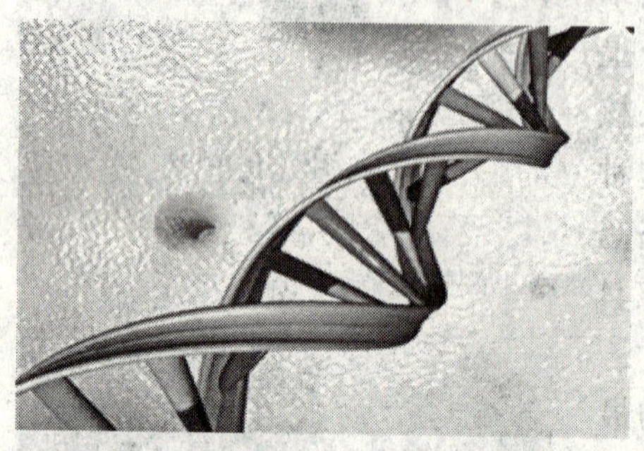

◆DNA

克隆技术又称为“生物放大技术”，它经历了三个发展时期：

第一个时期是微生物克隆时期，即用一个细菌可以很快复制出成千上万个和它一模一样的细菌，从而变成一个细菌群；

第二个时期是生物技术克隆时期，比如用遗传基因——DNA进行克隆；

第三个时期是动物克隆时期，即由一个细胞克隆成一个动物。克隆绵羊“多利”就是由一头母羊的体细胞克隆而来，使用的便是动物克隆技术。

1. 克隆技术是怎样发展起来的？
2. 克隆技术发展的三个时代都有哪些？
3. 目前主要的克隆方法有哪些？
4. “多利”的诞生产生了哪些影响？

# 先河的开创
# ——克隆事业的鼻祖

1997年2月27日的英国《自然》杂志报道了一项震惊世界的研究成果：1996年7月5日，英国爱丁堡罗斯林研究所的伊恩·维尔穆特领导的一个科研小组，利用克隆技术培育出一只小母羊。这是世界上第一只用已经分化的成熟的体细胞（乳腺细胞）克隆出的羊。科学家们普遍认为，多利的诞生标志着生物技术新时代来临。

◆英国胚胎学家——伊恩·维尔穆特



## “克隆之父”——伊恩·维尔穆特

◆伊恩·维尔穆特

伊恩·维尔穆特1944年出生于英国汉普顿露西，是英国爱丁堡罗斯林研究所的胚胎学家。他第一个研制出通过无性繁殖产生的新一代克隆羊。现任英国爱丁堡大学MRC再生医学中心主任。1974年加入罗斯林研究所，并曾任董事。于英国诺丁汉大学毕业后，1971年获剑桥大学博士学位。1999年获颁OBE并于2008年受勋。维尔穆特几乎把整个身心都投入到克隆技术的研究之中。在大学时代他就开始研究胚胎，1973年他就利用冷冻胚胎的方法培

◆多利和它的孩子

养出了一头小牛。维尔穆特博士居住在距爱丁堡不远的一个宁静的小村庄，喜欢漫步于苏格兰的山林中，爱好饮用一种优质的苏格兰威士忌。他说，“这个地方实在太小了，你在地图上不可能找到。”其实，维尔穆特博士真正的兴趣却是在实验室，他在实验室里度过了整整 23 个年头，每天至少在那里工作 9 个小时。



就在他的实验室里，维尔穆特博士率领着一个由 12 名科学家组成的小组，完成了一项令世人惊叹的科研项目：首次“无性繁殖”了一只哺乳动物——绵羊。1996 年 7 月，当一只被命名为“多利”的小羊羔“咩咩”落地时，他们终于成功了。虽然这项实验已经进行了一段时间，但是整个实验的全部细节严格限制在其中的 4 名科学家之中。维尔穆特博士认为，这种保密措施是非常必要的，这是为了等待第一只“无性繁殖”小羊羔的顺利诞生。即使在诞生之后，他们还是保持了较长一段时间的沉默。在此期间，他们登记申请了专利，确保这项惊人的生物新技术被世人认可。1997 年 2 月 23 日以前，除了维尔穆特博士及其科学研究小组以外，世界舆论对此还是一无所知。

目前，维尔穆特博士和妻子维维安正过着平静的生活，他们的三个子女都已长大成人。从他们的住处可以看到绿色的田野、正在吃草的各种家畜。他说就他目前所能预见的未来，他希望这项生物领域的新技术能进一步用于研究那些目前尚无法治愈的基因疾病。

## 维尔穆特与多利

多年来，维尔穆特一直在默默无闻地推动繁殖科学向前发展。1996 年，维尔穆特和马萨诸塞大学的基思·坎贝尔博士合作，利用发育到晚期阶段的胚胎细胞来复制羊。他们尝试对细胞采用“饥饿技术”，首先让胚

胎细胞处于休眠状态，再把细胞核植入羊的卵，然后被植入细胞核的卵发育成正常的胚胎，最后发育成羊。用这种方法，他们培育出了世界上最初的两只克隆羊“梅根”和“莫龙格”。它们的培育成功为后来培育出绵羊“多利”奠定了基础。

◆基思·坎贝尔博士（右）

不久，维尔穆特决定利用一只6岁成年羊的乳腺细胞来复制羊。他领导下的研究小组从这只母羊的乳房上提取出一个乳腺细胞核，然后从另一只母羊体内取出一枚未受精的卵子，吸出卵子中的所有染色体，使之成为具有活性但失去遗传物质的卵空壳，再把乳腺细胞核注入到卵子中。卵子在实验室的试管中分裂、繁殖，并发育成胚胎。下一步的工作是把胚胎移入第三只母羊子宫内进行培育。1996年7月，第三只母羊顺利产下一只小羊羔，这也是第一只源自成年动物体细胞的羊羔，这只小羊羔被取名“多利”。

◆多利

小羊“多利”完全是提供细胞核的“基因母羊”的复制品，而与怀胎的母羊没有相同之处。从遗传角度来说，提供细胞的母羊既是它的母亲，又是它的父亲。这就解决了长时间存在的一个世界性科学命题，证明了遗传物质在细胞生长的分化过程中中没有发生不可逆转的改变，已经成熟或老化的细胞核，在合适的细胞质环境中仍可返老还童，充满生命活力。维尔穆特证实，用相同的方法也可以复制人。然而科学家一致认为，复制人是人类生物技术所不应跨越的一道鸿沟。

1997年7月，维尔穆特的研究小组又有了新突破：通过牛羊复制人体血浆的技术。据称，动物性复制血浆将在数月内问世，这项技术在未来每年可生产价值1500万英镑的便宜血浆，以供外科手术和输血使用。

## 维尔穆特——人类克隆的用途和防止滥用

◆电影《机器侠》里的科学狂人

维尔穆特博士在接受记者的电话采访时说："我们大家都应该分享今天的成功。"他还讨论了如何改变猪的器官，以便更稳定地移植到人体上去。"由于我们的技术可以改变动物身上的器官，因此这些动物器官将会减少对人体免疫系统的危害。"他预言，人类在不久的将来能生产出"药物蛋白质"，为治疗人类的疾病，尤其是为治疗基因疾病开创新的局面。

◆克隆人?

与此同时，这项生物学上先进的技术也带来了新的问题，因为"无性繁殖"技术在哺乳动物绵羊身上的成功，从理论上而言，人类自身亦可进行无性繁殖，这必将导致伦理学和哲学方面一系列难题的产生。维尔穆特博士说："我们还不能知道复制人类在临床上的意义。目前，在英国这是非法的。我们正向政府有关部门汇报、以保证这项技术不被一些科学狂人滥用。"

伊恩·维尔穆特博士在柏林的一次讲话中明确表示，他反对对人类自身进行克隆。维尔穆特是在2002年"恩斯特·舍林奖"的颁奖活动上发表上述观点的。他因首次实现了体细胞克隆而获得这一奖项。自维尔穆特1996年克隆"多利"羊取得成功后，克隆人的想法就成为饱受争议的一个话题。但维尔穆特表示，自进行动物克隆试验之初，他就从未考虑过进行克隆人的试验。维尔穆特说，克隆人试验不仅会使被试验者冒很大风险，而且看不出对人进行克隆有什么意义。

维尔穆特相信，克隆技术的发展将使类似治疗性克隆研究等获得进展，从而造福于人类，但他同时对一些将他视为“打开潘多拉盒子”的人的说法进行了驳斥。他认为，尽管自己首先成功实现了体细胞克隆，使克隆人成为可能，但有朝一日克隆人真的问世，他对此不应当承担责任。

拓展思考

1. 什么是克隆技术？
2. 克隆羊多利的诞生有哪些意义和影响？
3. 克隆的优劣势分别有哪些方面？
4. 应如何看待克隆人这一问题？

# 黑夜中寻找光亮
# ——微生物克隆时期

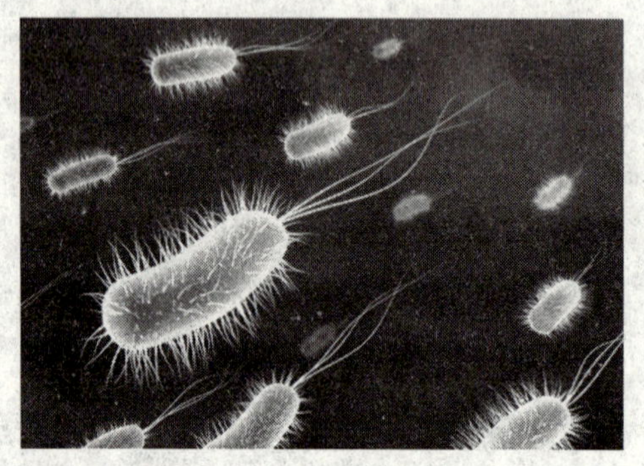
◆杆菌

我们知道克隆的发展历程首先是微生物克隆时期，因为最早的克隆就是从微生物那里学来的。它们为什么能拥有这项“特异功能”呢？今天就带领大家去欣赏一个就在你身边，却又“看不见”、“摸不着”的世界——微生物世界吧。



## 微生物

微生物其实就是细菌、真菌与病毒等一类个体小、代谢快的生物。当然真菌个体还是相对较大的，例如蘑菇就是真菌，而我们的肉眼就可以看到。

对微生物的定义：包括细菌、病毒、真菌以及一些小型的原生动物等在内的一大类生物群体。

微生物个体微小，却与人类生活密切相关。微生物在自然界中可谓“无处不在，无处不有”，涵盖了有益有害的众多种类，广泛涉及健康、医药、工农业、环保等诸多领域。一般地将微生物划分为以下八大类：细菌、病毒、真菌、放线菌、立克次体、支原体、衣原体、螺旋体。

按其结构、化学组成及生活习性等差异可分成三大类。

**真核细胞型微生物**　细胞核的分化程度较高，有核膜、核仁和染色体；胞质内有完整的细胞器（如内质网、核糖体及线粒体等）。真菌属于此类型微生物。

**原核细胞型微生物** 细胞核分化程度低，仅有原始核质，没有核膜与核仁；细胞器不很完善。这类微生物种类众多，有细菌、螺旋体、支原体、立克次体、衣原体和放线菌。

**非细胞型微生物** 没有典型的细胞结构，亦无产生能量的酶系统，只能在活细胞内生长繁殖。病毒属于此类型微生物。

**想 一 想**

**蘑菇这么大为什么还叫微生物呢?**

蘑菇其实看似个头大，像株植物，但实际上它的各个细胞之间不像植物细胞那样有分化并且有分工地有机结合起来，依然是结构简单的一类。除了蘑菇，其实很多霉菌、子囊菌、担子菌都可形成菌丝、子实体等大于1毫米的组织，但终归脱离不了结构简单的圈子。因此自然要归为微生物来研究。

## 微生物的生殖方式

微生物的生殖方式大体可分为两大类：无性生殖和有性生殖。

无性生殖

1. 分裂生殖　是一个细胞分裂成2个或多个地位相同的细胞。

2. 复制生殖　病毒无完整细胞结构，仅有一种核酸作为遗传物质，以复制的方式生殖。

3. 出芽生殖　是在母体之上长出一个小的芽体，体积较小。亲代细胞在一定部位长出与母体相似的

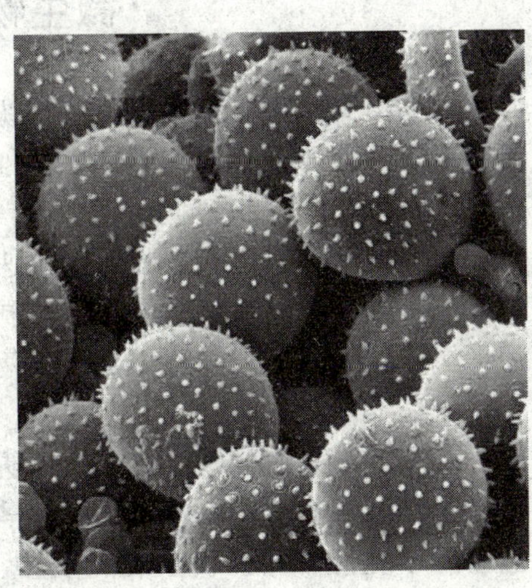

◆球菌

◆微生物的无性生殖

芽体，即芽基，芽基并不立即脱离母体，而与母体相连，继续接受母体提供养分，直到个体可独立生活才脱离母体。是一种特殊的无性生殖方式，如酵母菌、水螅等腔肠动物、海绵动物等。

4. 孢子生殖　是通过产生无性生殖细胞孢子，再由孢子发育成一个整体。

5. 营养生殖　包括出芽生殖。另外，植物的营养生殖就是扦插、压条一类的。

有性生殖

有酵母菌的孢子生殖。孢子生殖是以形成子囊孢子的方式进行。子囊孢子与孢子存在着本质差别，前者是由两种不同性别的细胞，经减数分裂的过程形成的，属于有性生殖；后者则是亲体直接产生的，不经过两性细胞的结合，属于无性生殖。



## 微生物克隆

微生物克隆：即用一个细菌很快复制出成千上万个和它一模一样的细菌，从而变成一个细菌群。

微生物克隆的特点是其可以快速地繁殖，并且能够将其遗传物质复制后平均分配到两个子细胞中，形成两个完全一样的个体。

因为微生物繁殖速度快，并且遗传物质复制精确度较高，因此被最早地应用于克隆当中。而且在科研中，微生物也一直得到广泛应用。

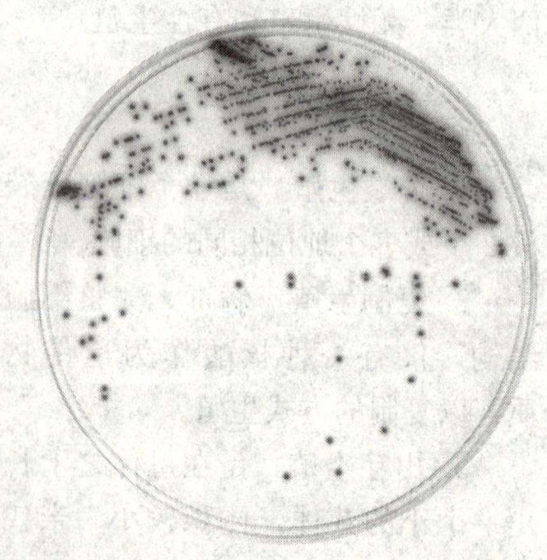
◆培养皿

## 实验——微生物的培养

**实验原理：**

1. 单个微生物过小，一般采取菌落培养法进行培养观察。

2. 由于不同的微生物生长环境不同，种群间有明显界限。一个菌落可认为是同一菌种的集合。

**实验仪器：**

接种铲和接种针（用于陆生菌种）、接种环（用于水生菌种）、酒精灯、培养皿。

◆酒精灯

**实验步骤：**

1. 配置不同浓度的营养液稀释液：取营养液1毫升溶于9毫升无菌水中，振荡5分钟配成10%的溶液。

2. 将容器口靠近（注意不是对着）酒精灯灯焰，用吸管从此溶液中吸取1毫升加入到装有9毫升无菌水的试管中。以此类推，制成1%、0.1%、0.01%等不同浓度的稀释液。

3. 将试管口靠近（注意不是对着）酒精灯灯焰，左手拿试管，右手托培养皿（仅露一条小缝，且靠近灯焰）。将溶液倒入培养皿中，在各培养皿上标上浓度。

4. 将有细菌生长的样品容器口靠近（注意不是对着）酒精灯灯焰，用接种环挑取菌落上的少量菌体加入10%的营养液中．把接种环放在酒精灯上灼烧灭菌，再次取样加入盛1%的营养液的培养皿（仅露一条小缝，且靠近灯焰）中。重复这个操作，将各浓度的营养液接上种。

5. 轻轻摇匀接上种的培养皿，置于恒温箱内37摄氏度保存，2～3天后就有菌落出现。

**实验注意事项：**

整个实验过程一定要注意保持无菌环境。

1. 什么是微生物？
2. 注意观察你身边的事物，哪些与微生物有关？你能列举出几种呢？
3. 微生物克隆的本质是什么？
4. 微生物的培养要注意什么事项？

# 闪烁的光亮
# ——生物技术克隆时期

克隆技术被发展以来，首先进入的是微生物克隆时期，这是一个突破性发展，但是其进行的方向仍然具有自发性。怎样才能让其按照人类的意愿来进行研究呢？生物技术克隆的到来，将克隆技术从自然发生升华到了人为控制的阶段，例如将遗传物质——DNA 通过基因工程等手段进行复制扩增，这样就能够让它按照人们的需要来进行克隆了。

## 基因工程

基因工程是指人为地在基因水平对遗传信息进行分子操作，使生物表现出新的性状，其核心是构建重组体 DNA 的技术。基因工程是一门崭新的生物技术。它的出现标志着人类已经能够按照自己意愿进行各种基因操作，大规模生产基因产物，并可设计和创建新的蛋白质和新的生物物种。基因工程是在现代生物学、生物化学和化学工程学以及其他数理科学的基础上产生和发展起来的，并有赖于微生物学的理论和技术的发展和运用，微生物在基因工程的兴起和发展过程中起着不可替代的作用。

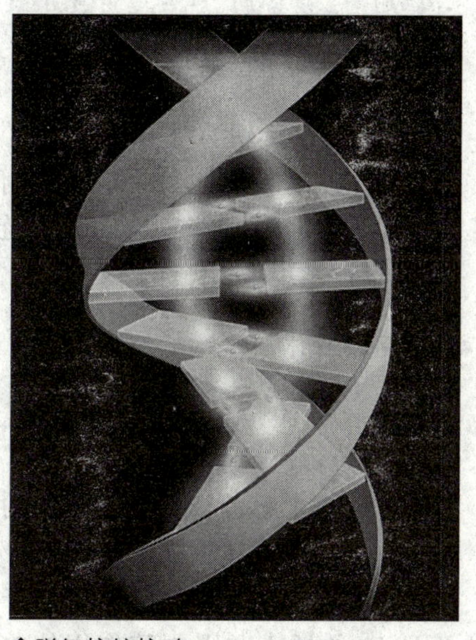

◆脱氧核糖核酸

# 基因工程基本操作的主要步骤

基因工程主要步骤：①将需要克隆的基因从供体细胞中提出；②将所提基因插入克隆载体构成重组 DNA；③重组 DNA 导入受体细胞；④筛选重组子进入到细胞；⑤克隆的基因进行鉴定或测序；⑥外源基因的表达。

基因工程的四大要素为外源目的基因、克隆载体、工具酶和宿主受体细胞。

基因工程的工具酶——限制性核酸内切酶

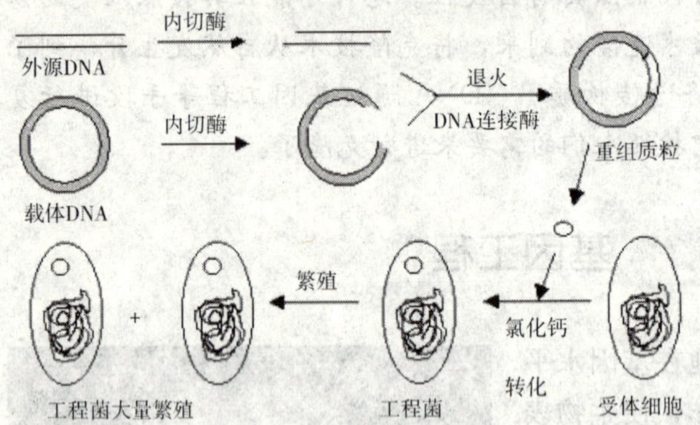


对 DNA 片段进行操作，必须要有能“切断”DNA 的得心应手的工具。工具酶就是对不同来源的 DNA 片段进行切割、拼接、组装用的。在分离目的基因或切割载体时，需利用特异的限制性核酸内切酶对 DNA 进行准确切割。限制性内切酶能够对特异的核苷酸序列进行识别，并在特异的位点进行切割，形成两个互补的切口。在构建重组 DNA 时，需要 DNA 连接酶催化，使目的 DNA 片段与载体 DNA 进行连接。

克隆载体

克隆载体是把一个有用的目的 DNA 片段，通过重组 DNA 技术，送进受体细胞中去进行繁殖和表达的工具。作为克隆载体的基本要求是：①能进行独立自主复制；②具有便于外源 DNA 的插入和限制酶作用的单一

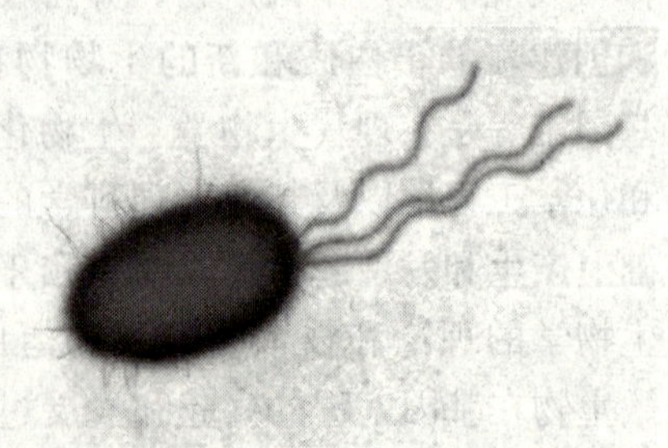
◆大肠杆菌

切割位点；③必须具有可供选择的遗传标记。

克隆载体主要包括六大类：质粒载体；λ噬菌体载体；柯斯质粒载体；M13噬菌体载体；真核细胞的克隆载体；人工染色体等。

微生物——人为克隆载体的宿主

为了保证外源基因在细胞中的大量扩增和表达，选择合适的克隆载体宿主，就成为基因工程的重要问题之一。

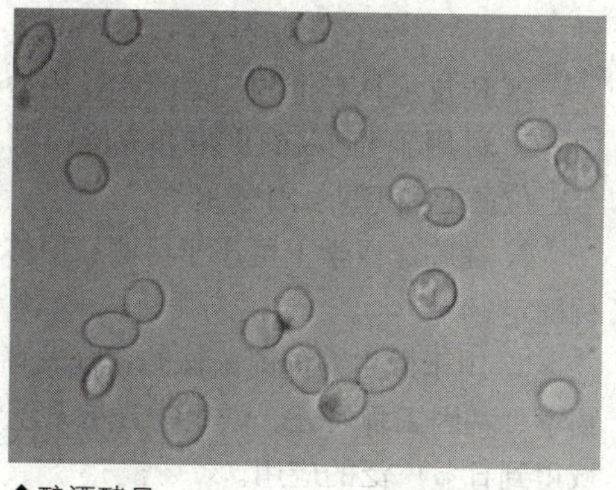

◆酿酒酵母

一个理想的宿主的基本要求是：①能够高效吸收外源DNA；②具有使外源DNA进行高效复制的酶系统；③不具有限制修饰系统，不会使导入宿主细胞内未经修饰的外源DNA发生降解；④一般为重组缺陷型菌株，使克隆载体DNA与宿主染色体DNA之间不发生同源重组；⑤便于进行基因操作和筛选；⑥具有安全性。

原核生物的大肠杆菌及真核生物的酿酒酵母，已成为当前基因工程被广泛应用的重要克隆载体宿主。

## PCR扩增技术

PCR是聚合酶链式反应（polymerase chain reaction，PCR）的缩写，是一种在体外快速扩增特定DNA序列的新技术。我们上面讲的基因工程克隆是为了得到某一特定DNA序列，按传统方法需将目的基因插入到载体中，再将此重组DNA导入宿主细胞中，经过筛选和鉴定等操作，获得目

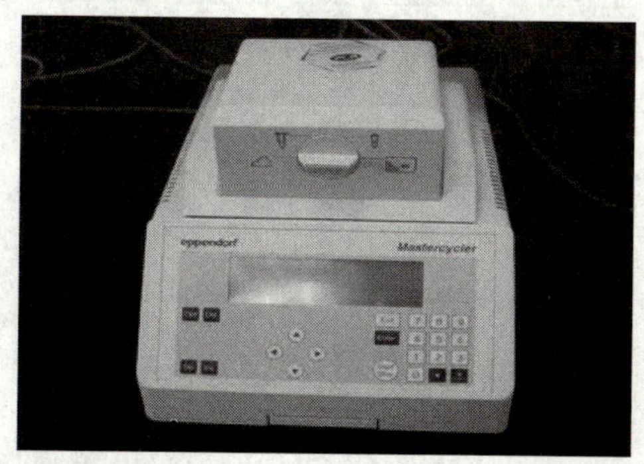


◆PCR扩增仪

的基因的克隆。这个过程需要微生物进行增殖，这会受到微生物种属、生长特点等的限制，而 PCR 技术只需数小时就可在体外将该特定的基因扩增百万倍，免除了基因重组和分子克隆等一系列繁琐操作。

## PCR 技术的应用

PCR 技术具有十分广泛的实际用途：

1. 可用于 DNA 的扩增和克隆，制备单链或双链 DNA 探针；也可用于定位诱变和 DNA 测序。

2. 在临床医学上可用于检测病原体，诊断遗传病，以及对癌基因的分析确定。

3. 用于微生物分离菌株的系统发育分析，以确定分类地位。在分子生物学、基因工程研究、微生物分子系统学以及临床医学、法医和检疫等领域得到日益广泛的应用。

1. 生物技术克隆指的是什么？
2. 基因工程的操作步骤有哪些？
3. PCR 技术指的是什么？
4. 你能举例说明 PCR 技术的应用吗？

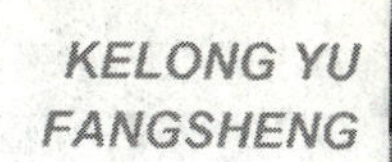

# 巅峰的到来
# ——动物克隆时期

当伊恩·维尔穆特实验小组将多利带向大家的时候，就预示着动物克隆时代已经到来。动物克隆之所以能被划分为一个时代，必有其特殊的历史意义。常理来说，动物克隆是克隆技术一次质的飞跃，可是为什么前进的脚步却变得格外谨慎呢？

## 动物克隆的定义

动物克隆是一种通过核移植过程进行无性繁殖的技术。发育早期的动物胚胎细胞，或成年动物的体细胞的细胞核，经显微手术移植到去掉细胞核的卵母细胞中之后，在适当的条件下可以重新发育成正常胚胎。这种胚胎被移植到生殖周期相近的母体之中，可以发育成为正常动物个体。经过核移植而产生的动物，其遗传结构与细胞核供体完全相同。这种不经过有性生殖过程，而是通过核移植生产遗传结构与细胞核供体相同动物个体的技术，就叫作动物克隆。根据核供体的来源不同可将其分为胚胎细胞克隆动物和体细胞克隆动物。

◆克隆猴

◆科学工作者

## 动物克隆的发展阶段

◆多利

动物的克隆技术，经历了由胚胎细胞到体细胞的发展过程。

一些无脊椎动物（虫类、某些鱼类、蜥蜴和青蛙）未受精的卵也可以在某些特定条件下，比如受到化学刺激的条件下，成长并发育成完整的个体。这一过程也被称为是产卵雌性的克隆。

早在20世纪50年代，美国的科学家以两栖动物和鱼类作为研究对象，首创了细胞核移植技术，这可以比做“狸猫换太子”。



## 动物克隆的意义

动物克隆的到来具有里程碑的意义。给人们的生产和生活都产生了很大的影响。例如：动物体细胞克隆可以应用于畜牧业育种上，复制出数量巨大的优良个体；将个体克隆技术用于生物医学方面，提供基因工程产品，如人乳铁蛋白、抗凝血酶、血清白蛋白等医用蛋白质；提供移植器官；利用个体克隆技术，可以建立起稳定的动物模型。这将有利于揭示基因结构和功能间的关系，揭示生命的本质。动物克隆技术还有可能用于延缓珍稀濒危动物的灭绝，等等。

## 克隆应用于人？

科学具有两面性，善良的人们可以利用它来为人类服务，为人类造福，而邪恶的人们却能用它来危害人类的生存。动物克隆技术规范发展很可能延缓珍稀濒危动物的灭绝。但由于羊和人类都是哺乳动物，因此羊的克隆技术也可以用于其他哺乳动物的克隆，也包括人。如果有人利用个体克隆技术来克隆人，那会给人类带来无穷的灾难，这就是为什么许多国家

的政府官员明令禁止将动物的克隆技术用于人类。

民众对克隆人的看法如何呢？美国广播公司（ABC）曾做过一次民意测验，结果表明：87％的人反对进行人的克隆，82％的人认为克隆人不符合人类的传统伦理道德，93％的人反对复制自己，53％的人认为如果将人的克隆仅限于医学目的还是可以的。因此，我们也必须遵循人类的共同法则，反对将羊的克隆技术滥用于人类。另外，大规模克隆动物与大量复制人不一样，因为克隆动物不会有社会问题，选择的复制动物模板也不需要十全十美，而是根据人的需要进行选择。比如对奶牛的要求就是每日产奶量高、品质好，但这种奶牛可能生存能力较差或对病害比较敏感等，人类可以根据克隆动物的需要来调整其生存环境，使其有一个舒适的环境，包括食物种类与配比、清洁的空间、免遭病害等。随着人们生活水平和质量的不断提高，人们往往会不断地提出新的要求，因此要不断地建立起可用于复制的模板动物。

◆高产奶牛

随着人类社会的不断发展，人们的观念也会不断发生变化。比如过去也有许多人对开展试管婴儿工作持反对意见，但现在试管婴儿已为人们所接受，因此很难预料今后人们对克隆人持何种态度。至少现在来说，克隆人无论用于何种目的，都应该是被禁止的。

## 视野扩扩扩——动物克隆与基因克隆

在常规的育种技术中，利用具有不同优良性状个体间的交配，是不可能获得人类所需的特殊动物品种的，因为常规育种技术很难突破物种的界限。比如要想让某种动物产生人乳铁蛋白或抗凝血酶或人的血清白蛋白，由于动物不具有这些基因，因而就必须先将人的乳铁蛋白或抗凝血酶或血清白蛋白基因先克隆出来，然后分别转入到选择的动物中去，建立起转基因动物，最后用动物克隆技术进行转基因动物的大规模复制。因此，基因克隆技术应是建立转基因动物模板的核心和关键性技术。

1. 为什么说动物克隆是发展史上的重大事件？
2. 我国科学家在动物克隆研究中有哪些成果？
3. 动物克隆的重要作用有哪些？
4. 对动物克隆的发展前景，你有什么看法？

# 见证奇迹的时刻
# ——克隆技术的基本过程

◆克隆兔子

克隆技术如此炙手可热，这是为什么呢？为什么通过克隆就可以“凭空”出现一个完全相同的个体？是上天的隐蔽安排还是人们“逆天而行”？为什么一直争议不休的克隆技术仍然让科学家们不能自拔？它到底是怎样进行的？今天就让我们一起去揭开克隆技术的神秘面纱吧。

## 动物克隆的过程

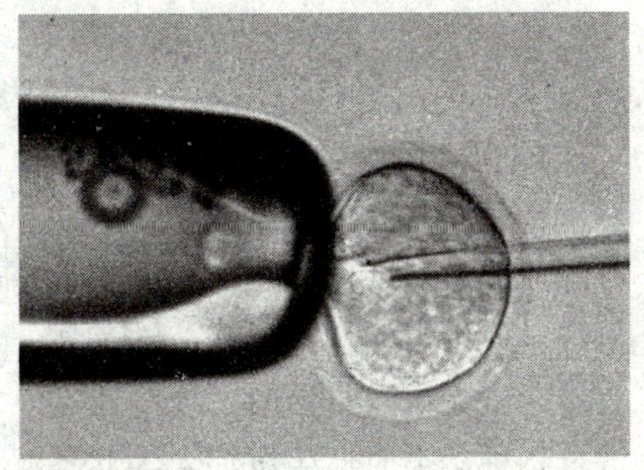
◆显微注射

克隆的基本过程是先将含有遗传物质的供体细胞的核移植到去除了细胞核的卵细胞中，利用微电流刺激等使两者融合为一体，然后促使这一新细胞分裂繁殖发育成胚胎，当胚胎发育到一定程度后再植入动物子宫中使动物怀孕，便可产下与提供细胞者基因相同的动物。

这一过程中如果对供体细胞进行基因改造，那么无性繁殖的动物后代基因就会发生相同的变化。成功培育三代克隆鼠的“火奴鲁鲁技术”与克隆多利羊技术的主要区别，在于克隆过程中的遗传物质不经过培养液的培养，而是直接用物理方法注入卵细胞。这一过程中采用化学刺激法代替电刺激法来重新对卵细胞进行控制。

# 植物克隆的过程

◆植物组培技术

植物克隆技术是将植株上的细胞或小块组织（比如一块叶片、一段茎节、一个芽、一个花蕾中一粒花粉等）在培养瓶中培养，在短短几个月时间内便能繁殖出成千上万个新的植株。植物克隆技术优势主要是快速、周年生产、变异小、无需种子繁殖等。

植物克隆技术基本过程：

培养基的制备

1. 母液的配制和保存

在进行植物组织培养的过程中，需要注意哪些问题？

为减少工作量，一般将各种成分配成比所需浓度高 10～100 倍的母液，使用时按比例稀释。在配制大量元素无机盐母液时，要防止在混合各种盐类时产生沉淀，为此各种药品必须在充分溶解后才能混合，同时在混合时要注意先后顺序，把钙离子、锰离子、钡离子和硫酸根、磷酸根错开，以免发生作用，相互结合生成沉淀。另外在混合各种无机盐时，稀释度要大，慢慢混合，同时边混合边搅拌。配制好的母液分别贴好标签，注明母液号、配制倍数、日期及配制 1L 培养基时应取的量。母液储存于 2℃～4℃的冰箱中。

2. 培养基的配制

(1) 称取规定数量的琼脂和蔗糖，加入一定量的蒸馏水，加热使其溶解。

(2) 在烧杯中加入规定量的各种母液，包括生长调节物质和其他的特殊补加物。

(3) 将母液混合物加入融化的琼脂中，再加入糖类物质，定容至所需体积，搅匀。

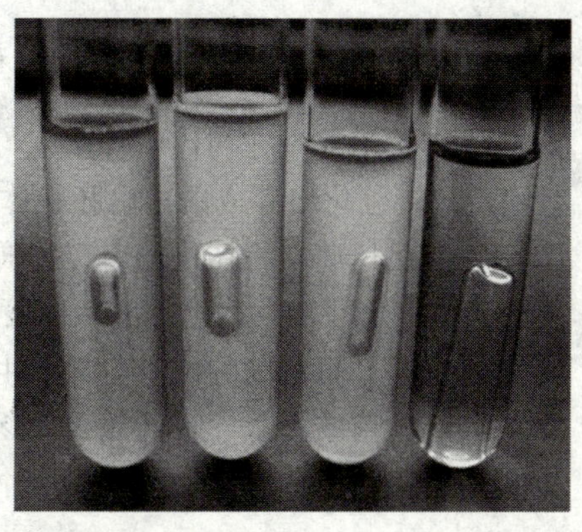

◆培养基

(4) 用 1mol/L 的氢氧化钠和盐酸调节 pH 值。

(5) 趁热将培养基分装到所选用的培养容器中。

(6) 用棉塞或封口膜盖住瓶口。

(7) 在 121℃～126℃的温度中灭菌 15～20 分钟。

(8) 灭菌后，待压力归零后将培养基取出让其凝固。

材料的消毒与接种

1. 材料的选择和确定　不同种类的植物以及同种植物不同的器官对诱导条件的反应是不一致的，因此，在取材时要充分考虑季节的影响、器官的生理状态和发育年龄、取材的部位以及材料的大小。

2. 材料的消毒　一般材料先用自来水冲洗，再用 70％的酒精浸泡数秒，倒去酒精，再用 0.1％的升汞（$HgCl_2$）溶液或 2％～10％的次氯酸钠溶液浸泡 10～15 分钟，然后用无菌水冲洗 3～5 次。

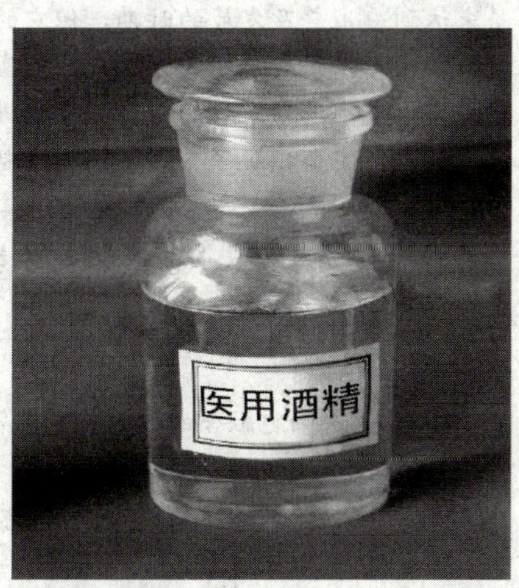


◆消毒酒精

3. 接种将材料切成所需的形状和大小，接入培养基中。

初代培养、继代培养、生根与移栽

1. 初代培养　在初代培养基上，外植体经不同的途径可以诱导出愈伤组织，直接分化出芽或诱导出胚状体。

2. 继代培养　将初代培养产物转入继代培养基上，使愈伤组织分化出丛生芽、不定芽继续增殖，胚状体发育成完整植株。

3. 生根　将健壮的试管苗插入生根培养基中，诱导根的形成。

4. 试管苗的移栽　打开瓶盖，逐渐降低湿度，并逐渐增强光照，进行驯化，以适应环境变化，经过一段时间的炼苗即可移入盆中。

## 植物克隆工厂



植物克隆工厂是指利用环境控制和自动化高新技术进行植物全年生产的体系，包括无土栽培、植物克隆等技术以及植物细胞和组织培养的工业化生产体系。1957 年世界上第一个植物克隆工厂诞生在丹麦，到 1998 年，日本有用于研究、展示、生产的植物工厂近 40 家，其中生产用植物工厂 17 家。植物工厂建造虽未达到应用普及发展的时期，但它的出现预示着将来发展的前景。植物克隆工厂，其生产采用全封闭的方式，严格实行全面和有效地控制环境及先进的植物工程技术，使生产到采收的全过程连续进行并高度自动化、流水化作业，实现全年连续生产，完全摆脱了自然条件的限制。

### 拓展思考

1. 促进细胞融合的技术有哪些？
2. 什么是植物克隆工厂？
3. 植物组织培养的消毒方法有哪些？
4. 植物组织培养的步骤有哪些？

# 两片完全相同的叶子？——双胞胎的产生

我们中国的习俗向来是好事成双，如果哪家喜得贵子，便会大摆宴席，以示高兴。如若得了个双胞胎，那更是锦上添花。那为什么有的人家会有双胞胎而有的人家不是呢？这里面有什么科学根据吗？今天就让我们一起去探探秘吧。

## 人类双胞胎的形成

人类双胞胎的形成有以下两种类型：

1. 由一个受精卵在囊胚期分成两个内细胞群而发育成两个胎儿者称为同卵双胞胎。这种分裂产生的孪生子具有相同的遗传特征，因此性格和容貌酷似。

◆完全相同的叶子？

同卵双胞胎是由一个受精卵分裂而成的，同卵双胞胎的发生要经过两个步骤：

（1）卵子受精成为受精卵；

（2）受精卵一分为二，各自发育成一个成体。

◆同卵双胞胎

其中第一步是典型的有性生殖。第二步则是典型的无性生殖过程，是“没有精子参与的生殖复制”。

◆异卵双胞胎

2. 由两个卵细胞同时受精并发育长大而成两个胎儿者为异卵双胞胎，大多数双胞胎（约 75%）属此。由于他们是由两个不同的受精卵发育的，故具有不同的遗传特性，性格和容貌的相似性也就逊于前者。后一种孪生子可能是同一性别，也可能是不同性别。

异卵双胞胎是不同的卵子被不同的精子授精形成不同的受精卵发育而成。因此同卵双胞胎具有完全相同的基因，而异卵双胞胎只有一半相同的基因。异卵双胞胎之间和一般的兄弟姐妹没有什么差别，唯一的不同就是他们的年龄完全相同。



## 同异卵双胞胎的鉴定

同异卵双胞胎的鉴定方法很多。首先，如果双胞胎的性别不同，那么他们肯定是异卵双胞胎。如果性别相同，那么还需要进一步地区分。人们常说，出生时如果两个孩子是一个胎盘，说明是同卵双胞胎，否则就是异卵双胞胎，这种说法是错误的。虽然胎盘、胎膜的状况与双胞胎的卵性有一定关系，但不是绝对的，不能仅仅根据这个来判断。

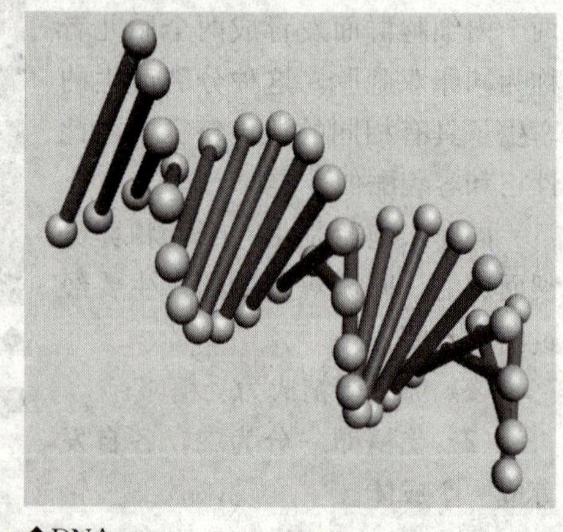
◆DNA

人们一般会通过相貌来判断，有的双胞胎就像一个模子里刻出来似的，他们多半是同卵双胞胎，长得不太像的则多半是异卵双胞胎。这种方法确实有一定的科学依据，我们称这种方法为相似法。但是，仅靠相貌还

◆亲属鉴定

远远不够，还必须包括一些其他特征，如皮纹、头发的颜色、头发的形式和密度、眼虹膜的颜色和结构、前后发际、耳垢、耳廓、鼻形、脸形、唇形、眼睑、齿列、有无中指毛、皮肤的颜色和结构、雀斑、苯硫脲（PTC）的尝味能力等。看来，这种方法也比较麻烦。

现在，我们又有了另一种更可靠的方法，就是DNA鉴定。其工作原理和亲子鉴定的差不多。一般，同时测定9个基因位点，鉴定结果的可靠性可以达到99%以上。双胞胎只需要提供很少的血液就可以完成鉴定。这种工作在法医鉴定中心即可完成。

## 双胞胎患同一种疾病的危险性更大吗?

同卵双胞胎具有完全相同的基因，而异卵双胞胎只有一半相同的基因。另外，双胞胎的生活环境、饮食方式以及一些行为习惯，都比一般的兄弟姐妹更加近似。所以，双胞胎患同一种疾病的危险性也就更大。如果双胞胎中一个胞检查出患上某种疾病时，尤其是慢性疾病如高血压、高血脂、冠心病、糖尿病、脑卒中等，要尽快对另外一个也做全面检查，尽早发现疾病，及时治疗，以免错失治疗良机。如果一切正常，建议坚持定期体检，同时就患者所患的疾病咨询有关专家，改变一些不好的生活习惯，预防疾病的发生。目前，很多慢性疾病如高血压、高血脂、冠心病、糖尿病、肥胖等都和我们不健康的行为方式有关，如不运动或少运动、吸烟、酗酒、不良的饮食偏好、饮食结构不合理等。

1. 人类双胞胎是如何形成的？
2. 双胞胎有哪几种类型？
3. 同异卵双胞胎的鉴定方法有哪些？
4. 双胞胎更易患上同一种病吗？

# 人造双胞胎
# ——胚胎分割技术

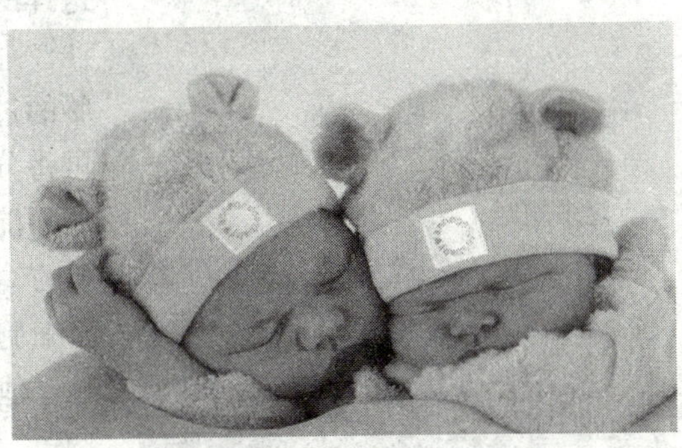
◆可爱的双胞胎宝宝

我们在前一节中了解了细胞的全能性，也就是说，其实我们身体的每一个细胞的遗传物质都是一样的，只是表达的基因有差异，才表现出不同的器官组织。而且是分化程度越高，其全能性表达就越受限制。那么，如果说我们在胚胎时期把胚胎给分割了，这样是不是就可以形成两个相同的个体了？今天就给大家分析分析胚胎分割技术的奥妙。

## 胚胎分割技术

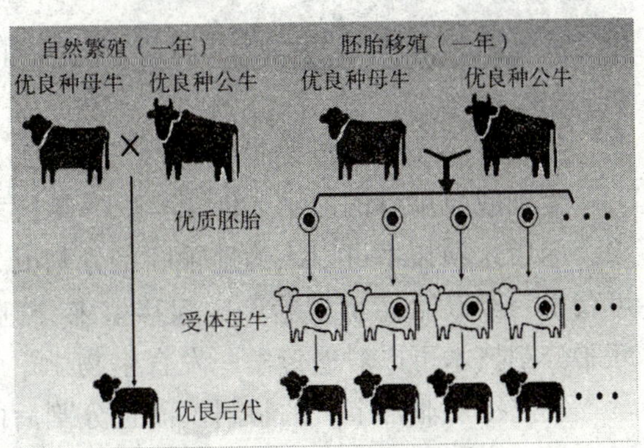

◆胚胎分割技术

胚胎分割是对胚胎进行显微操作，人为地将胚胎分为 2 份或多份，以制造同卵双胎或多胎的方法，是胚胎移植中扩大胚胎来源的一个重要途径。目前已被用于产生许多同卵双生后代。分割后的 2 枚半胚即使性别不明，也可移植给同一头受体牛，而不会产生母犊不育的问题。

◆克隆多胞胎

◆显微操作仪

那么，胚胎分割技术是怎么被想到的呢？

英国剑桥大学生物学家威拉德森想到一个受精卵在发育成胚胎时，要经历一个受精卵细胞分裂为 2 个、2 个分裂为 4 个、4 个分裂为 8 个……这样的过程，并且动物细胞有全能性。那么，如果将受精卵在发育为胚胎的过程中分裂出的细胞加以分割，再将分割的胚胎细胞分别加以培养，能不能培育出完整的新一代？他用绵羊的幼胚进行了实验。当绵羊的受精卵细胞从 1 变 2、2 变 4、到 4 变 8 时，他将这 8 个卵裂期的细胞分割成 4 份，每份包括 2 个细胞，然后将分割的细胞重新送到母羊的子宫里面发育，结果母羊产下了 4 只活泼的小羊羔。被分割的受精卵细胞发挥了它们的全能性，各自独立地发育成健康的小羊羔。实验充分证明，威拉德森的设想是可行的。胚胎分割大大提高了动物的繁殖率。正常情况下，一头良种奶牛，一生找别的奶牛“寄母”怀孕，那么从一头良种母奶牛就能得到几百头良种奶牛。

受到威拉德森的启示，20 世纪 80 年代家畜胚胎分割技术逐渐发展起来。应用这项技术可以人为地把胚胎分割成 2 个或几个，移植给受体母畜，可获得一卵双胎甚至多胎，比起移植未分割的整胚，产仔率可大大提高。胚胎分割技术可以对遗传学、发育生物学、营养学、生理学以及动物育种学等研究提供非常宝贵的材料。而且分割后的 2 枚半胚，可先移植 1 枚半胚，另一半胚冷冻贮存。如果所移植的半胚移植成功，即可对此进行半胚牛的遗传性能测定。如果证明是优秀个体，可再将另一半胚胎解冻，如移

植成功，即可获得遗传性能完全相同的孪生牛。而且人们还可以不用考虑遗传背景去研究各种因素对动物的影响。

## 胚胎分割的方法

我国谭丽珍等首次对奶牛胚胎分割半胚移植，试验获得成功，产犊率为28.6%。

胚胎分割的方法有两种：

(1) 对2～8细胞胚胎操作，用显微操作仪上的玻璃针（或刀片），将每个卵裂球分离或半胚进行切割，分别放入空的透明带中，然后进行移植。

(2) 用显微操作仪上的玻璃针（或刀片）或徒手持玻璃针将桑椹胚或囊胚一分为二或一分为四，并把每块细胞团移入空的透明带内进行移植。目前也可不装入透明带中，直接进行移植。

牛胚胎移植的主要技术环节包括：供体、受体的选择，供体、受体的发情同期化，超数排卵，胚胎的采集，胚胎检查、质量鉴定，胚胎冷冻保存和胚胎移植等步骤。

1. 什么是胚胎分割技术？
2. 胚胎分割的方法有哪些？

# 孙悟空的毫毛
## ——细胞的全能性

◆孙悟空

还记得那个经典的动作？临危之际，轻轻拔出一根毫毛，送上一口清风，便出现千百万个猢狲。每当此时，我们都会瞪大了双眼，张大了嘴巴，发出“哇”的惊呼。那么这个真的只是一个“幻术”吗？其实，有些梦想随着时间的流逝，随着人类的努力，正在慢慢地、一点点地向我们走来……

## 细胞的全能性

细胞全能性是指在多细胞生物中，每个体细胞的细胞核都含有个体发育的全部基因，只要条件许可，都可发育成完整的个体。

一个植物细胞，只要有完整的膜系统和细胞核，它就有一套发育成一个完整植株的遗传基础，在一个适当的条件下可以通过分裂、分化，再生成一个完整植株，这就是所谓的植物细胞全能性。

◆孙悟空的毫毛

植物细胞全能性大小排列是：

受精卵大于生殖细胞、大于体细胞。

> 人体的毛发是由什么物质组成的？

动物细胞的全能性可分为全能性细胞（如动物早期胚胎细胞）、多能性细胞（如原肠胚细胞）、专能性细胞（如造血干细胞）。全能性的物质基础是细胞内含有本物种全套的遗传物质。

一般来说，细胞全能性高低与细胞分化程度有关，分化程度越高，细胞全能性越低。而植物细胞全能性高于动物细胞，而生殖细胞全能性高于体细胞，在所有细胞中受精卵的全能性最高。

花粉 → 组织培养 → 植株A → 秋水仙素处理 → 植株B

◆植物组织培养

我们为什么要提出细胞的全能性呢？它跟孙悟空的故事又有什么联系呢？

我们知道，正常的个体发育都是从一个受精卵开始，逐渐分裂分化，发育，成熟。细胞的分裂总是复制性的，即分裂产生的两个细胞具有完全相同的遗传信息。也就是说，我们身上的每一个细胞都是有同一个“根”的，它们和最初分裂的细胞是一模一样的。那么，为什么我们每一个细胞不能都长成一个新的个体呢？

这是因为当细胞在一个完整的个体内的时候，受到所在器官和组织环境的束缚，仅仅表现一定的形态和局部的功能。一旦其脱离了原来器官组织的束缚，成为游离状态，在一定的营养条件和植物激素的诱导下，细胞的全能性就能表现出来。于是就像一个受精卵那样，由单个细胞形成愈伤组织然后成为胚状体，再进而长成一棵完整的植株。

## 细胞全能性的论证

1902年，德国植物学家哈伯兰特就预言植物体的任何一个细胞，都有长成完整个体的潜在能力，这种潜在能力就叫植物细胞的“全能性”。为了证实这个预言，他用高等植物的叶肉细胞、髓细胞、腺毛、雄蕊毛、气孔保卫细胞、表皮细胞等多种细胞，放置在他自己配制的营养物质中（人工配制的营养物称为培养基）。这些细胞在培养基上可生存相当长一段时间，但他只发现有些细胞增大，却始终没有看到细胞分裂和增殖。1934年，美国的怀特用无机盐、糖类和酵母提取物配制成怀特培养基，培养番茄根尖切段，400多天后，在切口处长出了一团愈合伤口的新细胞，这团细胞被称为愈伤组织。法国的高斯雷特制成了一种固体培养基，使山毛柳、黑杨形成层组织增殖，最后形成了类似藻类的突起物。1946年，中国学者罗士韦培养菟丝子的茎尖，在试管中形成了花。

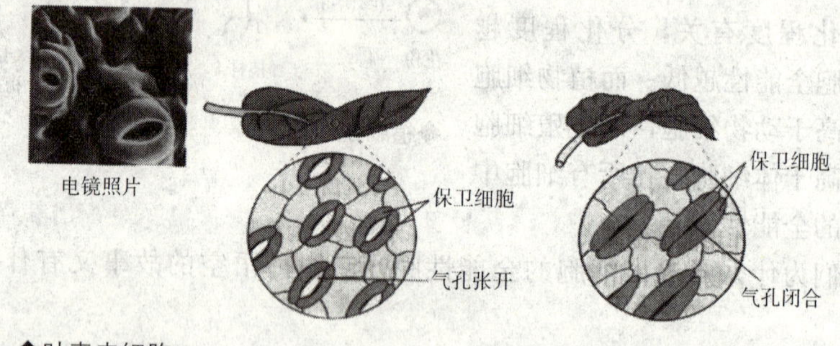


◆叶表皮细胞

以后，许多科学家为证实这一论断作了不懈的努力。1958年，斯图尔德等将高度分化的胡萝卜根的韧皮部组织细胞放在合适的培养基上培养，发现根细胞会失去分化细胞的结构特征，发生反复分裂，最终分化成具有根、茎、叶的完整的植株；1964年，卡达和马赫什沃尔利用毛叶曼陀罗的花药培育出单倍体植株；1969年尼奇将烟草的单个单倍体孢子培养成了完整的单倍体植株；1970年斯图尔德用悬浮培养的胡萝卜单个细胞培养成了可育的植株。至此，经过科学家们50余年的不断试验，植物分化细胞的全能性得到了充分论证，建立在此基础上的组织培养技术也得到了迅速发展。

那么，是否真的有一天，我们就能随便拔下一根头发，变出来自己的“双胞胎”呢？理论上来说，毫毛即动物的毛发，是由基因指导合成的蛋白质，蛋白质的氨基酸序列是与基因序列相对应的，但由于内含子的原因，我们是不能完全恢复基因的序列的，但起码能推测出大致序列。或许

某一天，我们的技术成熟到可以推测出其内含子的序列，那么我们说不定真的能够实现这一“幻术”。

## 人工种子

人工种子又称合成种子或体细胞种子，是指将植物离体培养产生的体细胞胚包埋在含有营养成分和保护功能的物质中，在适宜的条件下发芽出苗。

◆人工种子

如今的人工种子已经不仅仅局限于上述概念。任何一种繁殖体，无论是涂膜胶囊中包埋的、裸露的或经过干燥的，只要能够发育成完整植株的，均可称之为人工种子。

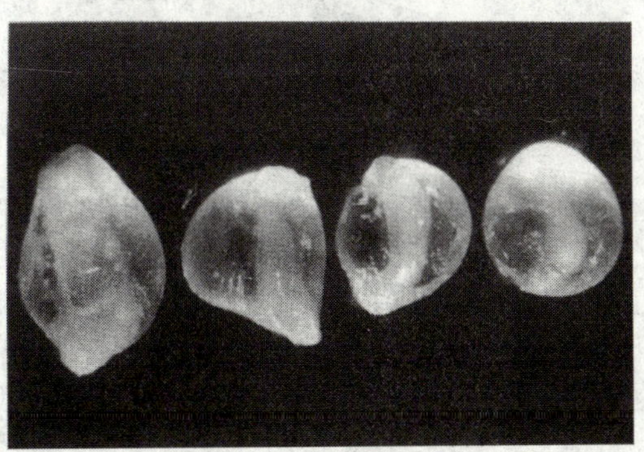

◆芹菜的人工种子

与天然种子相比，人工种子可能有很多优点。比如，生产人工种子不受季节限制，可能更快地培养出新品种来，还可以在凝胶包裹物里加入天然种子可能没有的有利成分，使人工种子具有更加好的营养供应和抵抗疾病的能力，从而获得更加茁壮生长的可能性。天然种子由于在遗传上具有因减数分裂引起的重组现象，因而会造成某些遗传性状的改变；天然种子在生产上受季节限制，一般每年只繁殖1～2次，有些甚至十几年才繁殖一次。而人工种子则可以完全保持优良品种的遗传特性，生产上也不受季节的限制。试管苗的大量贮藏和运输也是相当困难的。人工种子则克服了这些缺点，人工种子外层是起保护作用的薄膜，类似天然种子的种皮，因此可以很方便地贮藏和运输。那么，人工种子是怎么制作的呢？

种子能发育出新的植物体，首先是因为它有一个具有生活力的胚。科学工作者能够采用高科技手段，将某些植物细胞在试管中培育成胚状体，再用富含营养

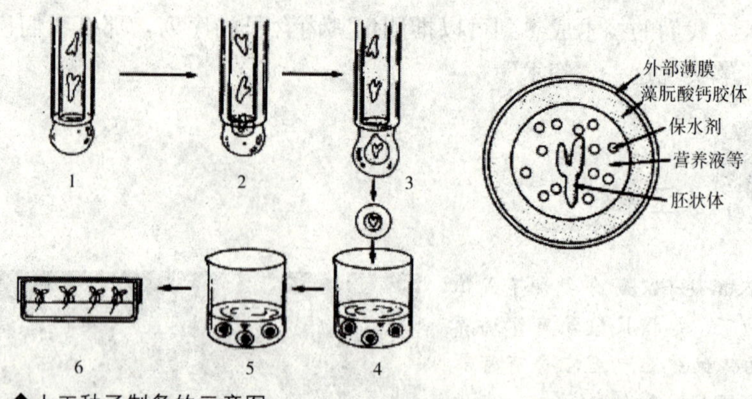


◆人工种子制备的示意图

物质和其他必要成分的凝胶物将胚状体包裹起来，制成人工种子。当条件适宜时，胚状体就像真正的种子那样萌发成幼苗。

1. 什么是细胞的全能性？
2. 秋水仙素对植物的生长有什么作用？
3. 什么是人工种子？
4. 人工种子有哪些优点？

# 你的就是我的，我的还是我的——细胞核移植技术

在上节我们已经知道了什么是细胞的全能性，全能性的基础在于细胞核内具有发育成完整个体的全套遗传物质，那么如果将两个不同细胞的细胞核进行交换，会产生怎样的结果呢？对全能性的研究，又能给我们的生活带来怎样的影响呢？今天就让我们一起走进细胞核移植技术的世界吧。

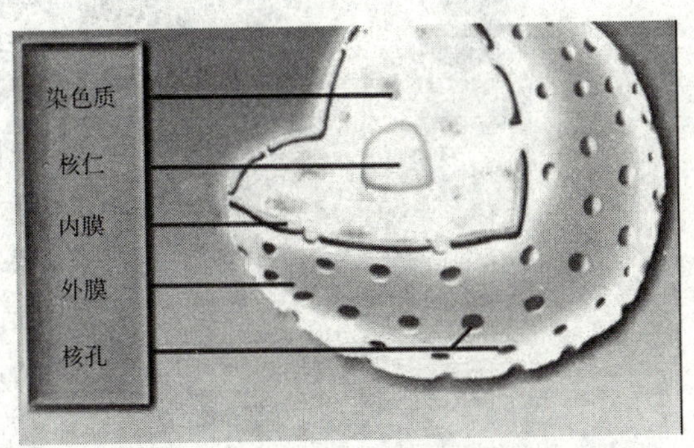

◆细胞核结构模式图和电镜下的显微结构

## 细胞核移植技术

细胞核移植技术是指将一个动物细胞的细胞核移植至去核的卵母细胞中，产生与供细胞核动物的遗传成份一样的动物的技术。科学家们已经先后在绵羊、小鼠、牛、猪、山羊等动物上获得胚胎细胞核移植后代，目前体细胞克隆也在牛、山羊、小鼠等物种上均获得了成功。

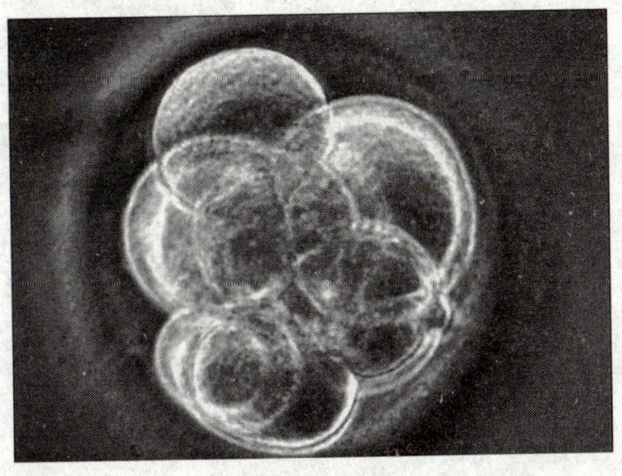
◆移植了 3 天后的胚胎结构

## 细胞核移植分类

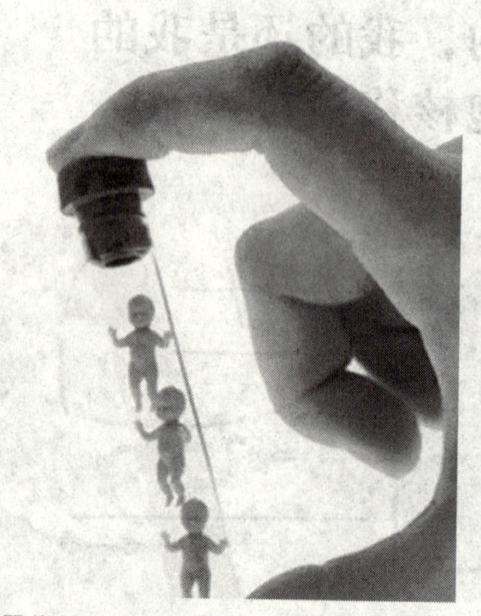
◆试管婴儿

按核移植所使用的细胞性质的不同克隆可分为：

（1）胚性克隆　用未分化的胚胎进行胚胎细胞核移植、胚胎干细胞核移植、胚胎成纤维细胞核移植、胚胎分割或胚胎嵌合等操作培育出新个体。

（2）无性克隆　用已分化的体细胞进行核移植培育出新个体，亦称体细胞克隆。当前谈论的克隆多指体细胞克隆。

根据供核体细胞的不同，动物克隆又可分为：

（1）同种体细胞克隆　用相同物种体细胞进行核移植；

（2）异种体细胞克隆　将一种动物的体细胞核移植到另一种动物的去核（遗传物质）卵母细胞中。

按研究目的不同，克隆可分为：

（1）生殖性克隆　生殖性克隆指无性繁殖新个体。

（2）治疗性克隆　用克隆技术培育出某些组织器官用于医疗。治疗性克隆技术伴随核移植技术的发展而逐渐成为当前的研究热点，利用核移植技术获得病人自身同源的干细胞系，分化成为目的细胞，从而达到代替病人体内患病细胞的治疗目的。这项技术为许多目前没有很好的治疗手段的疾病如糖尿病、神经退行性疾病等提供了可能的治愈手段，是未来的研究重点。

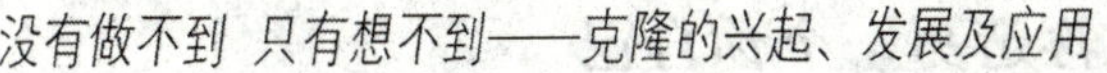

## 细胞核移植技术与医学

日本科学家在实验中通过“细胞核移植”技术证明，年轻女性捐赠的卵子可以修复大龄妇女受到损伤的卵子，增加大龄妇女受孕的几率。研究人员将会继续进行相关的研究，以提高大龄妇女卵子细胞的成活率和健康度，增加她们生育的成功率，但该技术也引发了一些道德伦理争议。

◆恒河猴

这一研究的重要性在于，大龄妇女尝试试管婴儿通常会失败，主要原因之一就在于她们卵子细胞的细胞质出现了异常。科学家认为，如果能够将她们卵子细胞的细胞核注入到年轻女性健康的细胞质中，通过“细胞核移植”技术，实现对大龄妇女异常卵子细胞的修复，不仅可以提高卵子细胞的成活率，而且还可以排除遗传病所引发的各种隐患。

◆恒河猴

日本科学家田中笃团队从多位接受试管婴儿治疗的大龄妇女体内采集了31个卵子细胞，并将其中的细胞核提取出来，然后再将这些细胞核注入到年轻女性捐赠的已摘除细胞核的卵子细胞质中。这些捐献卵子的年轻女性年龄都在35岁以下，身体健康。从移植的结果看，共有25个“混卵”可以使用。当这25个“混卵”与精子相结合后，其中的7个“混卵”长成了初期的胚胎——胚细胞，成功率为28%。此前，未经修复的卵子受精的成功率仅为3%。

《自然》杂志网站发表的一篇文章介绍说，美国俄勒冈健康科学大学的科研人员，将一只母恒河猴卵细胞内的细胞核DNA取出，移植到另一只母猴已经去掉细胞核DNA的卵细胞内，然后利用这个“混卵”细胞和精子结合，最后培育出了4只小恒河猴。从理论上讲，这些小猴拥有2个母亲和1个父亲。迄今为止，新出生的4只小猴子都非常健康。

1. 什么是细胞核移植技术？
2. 细胞核移植的方法有哪些？
3. 根据提供细胞核的细胞不同，克隆可以分为哪几类？

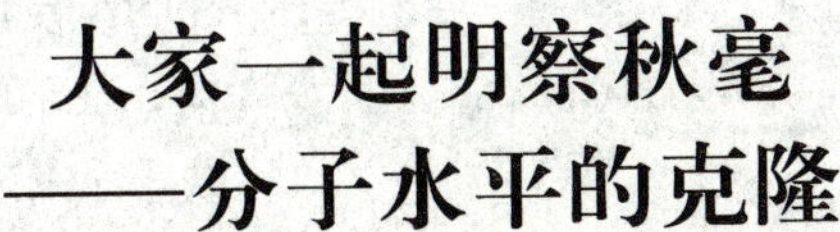

# 大家一起明察秋毫
# ——分子水平的克隆

生物科学的进程总是遵循这样一个原则，那就是：从宏观现象到微观本质，再从微观本质到宏观实例。即从一个现象研究其本质，再将其原理应用于实际的循环原则。这是分子水平的克隆即研究克隆现象的本质所在。今天就让我们一起走进微观世界，体验不一样的克隆。



## 分子克隆的概念

分子克隆是在分子水平上提供一种纯化和扩增特定DNA片段的方法。将含有目的基因的片段，用体外重组方法将它们插入克隆载体，形成重组克隆载体，转移到适合的寄主体内得到复制与扩增，然后再从筛选的寄主细胞内分离、提纯所需的克隆载体，可以得到插入DNA的许多拷贝。

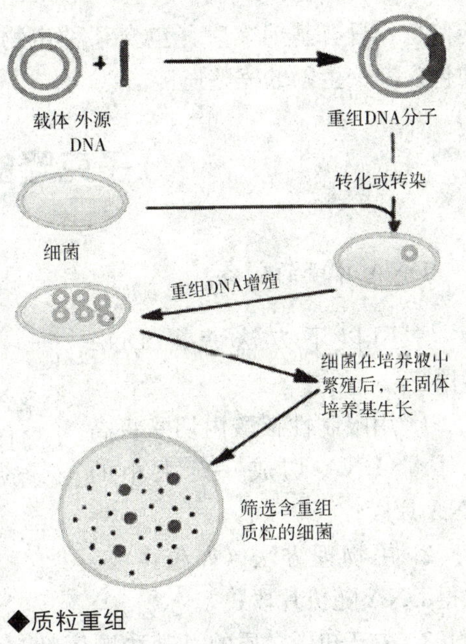

◆质粒重组

克隆的动词含义是指在生物体外用重组技术将特定基因插入载体分子中，即分子克隆技术。

按克隆的目的基因的类型可分为DNA和cDNA克隆两类。

cDNA克隆是以mRNA为原材料，经体外反转录合成互补的DNA

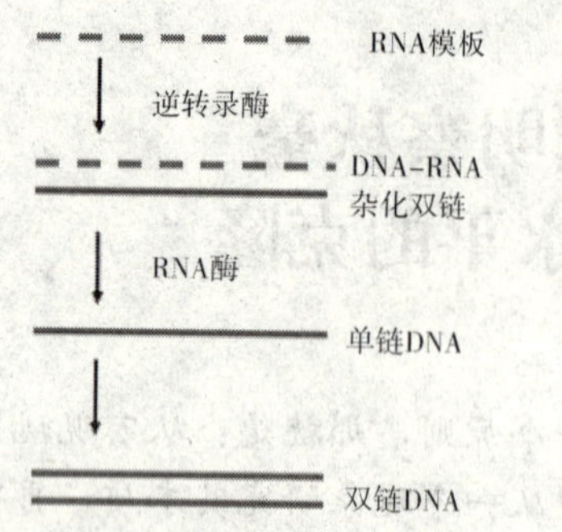


◆cDNA 克隆原理

(cDNA)，再与载体 DNA 分子连接引入寄主细胞。每一 cDNA 反映一种 mRNA 的结构，cDNA 克隆的分布也反映了 mRNA 的分布。

cDNA 克隆的特点是：

1. 有些生物，如 RNA 病毒没有 DNA，只能用 cDNA克隆；

2. cDNA 克隆易筛选，因为 cDNA 库中不包含非结构基因的克隆，而且每一个 cDNA 克隆只含一个 mRNA 的信息；

3. cDNA 能在细菌中表达。cDNA 仅代表某一发育阶段表达出来的遗传信息，只有基因文库（包含某种生物基因组中所有 DNA 序列的克隆）才包含一个生物的完整遗传信息。



## 分子克隆的步骤

DNA 片段的制备

常用以下方法获得 DNA 片段：

1. 用限制性核酸内切酶将高分子量 DNA 切成一定大小的 DNA 片段；

2. 用物理方法（如超声波）取得 DNA 随机片段；

在制备DNA文库的时候需要DNA聚合酶，那在制备cDNA文库的时候除了DNA聚合酶之外，还需要一种特别的酶。这是什么酶?

3. 在已知蛋白质的氨基酸顺序情况下，用人工方法合成对应的基因片段；

4. 从 mRNA 反转录产生 cDNA。

载体DNA的选择

质粒：质粒是细菌染色体外遗传因子，DNA呈环状，大小为1～200千碱基对(kb)。在细胞中以游离超螺旋状存在，很容易制备。质粒DNA可通过转化引入寄主菌。质粒型载体一般只能携带10万碱基对以下的DNA片段，适用于构建原核生物基因文库，cDNA库和次级克隆。

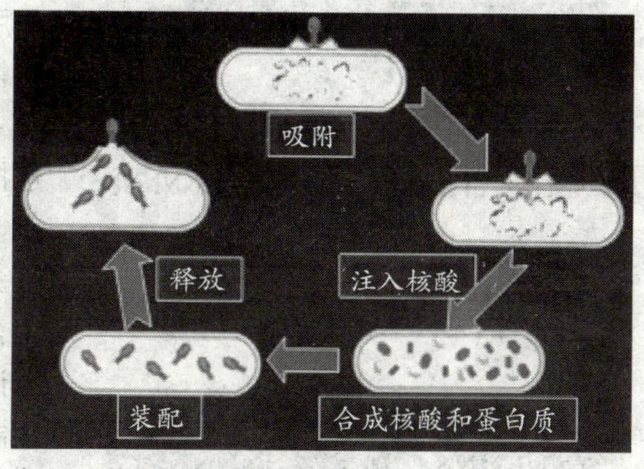

◆M13噬菌体侵染细胞全过程

噬菌体DNA：常用的λ噬菌体的DNA是双链，长约49万碱基对，约含50个基因，其中50%的基因对噬菌体的生长和裂解寄主菌是必需的，分布在噬菌体DNA两端。中间是非必需区，进行改造后组建一系列具有不同特点的载体分子。λ载体系统最适用于构建真核生物基因文库和cDNA库。

拷斯（Cos）质粒：是一类带有噬菌体DNA粘性末端顺序的质粒DNA分子。是噬菌体－质粒混合物。此类载体分子容量大，可携带45万碱基对的外源DNA片段。也能像一般质粒一样携带小片段DNA，直接转化寄主菌。这类载体常被用来构建高等生物基因文库。

DNA片段与载体连接

DNA分子与载体分子连接是克隆过程中的重要环节之一。

连接的方法有：

（1）粘性末端连接　DNA片段两端的互补碱基顺序称之为粘性末端，用同一种限制性内切酶消化DNA可产生相同的粘性末端。在连接酶的作用下可恢复原样，有些限制性内切酶虽然识别不同顺序，却能产生相同末端。

（2）平头末端连接　用物理方法制备的DNA往往是平头末端，有些

5'NNNNNNNGAATTCNNNNNNNN3'
3'NNNNNNNCTTAAGNNNNNNNN5'

5'NNNNNG pAATTCNNNNNN3'
3'NNNNNCTTAAp GNNNNNN5'

EcoR I的识别序列和酶切切口（粘端）

◆切割产生粘性末端

5'NNNNNNGTTAACNNNNN3'
3'NNNNNNCAATTGNNNNN5'

5'NNNNNGTT pAACNNNNN3'
3'NNNNNCAAp TTGNNNNN5'

Hae I的识别序列和酶切切口（平端）

◆切割产生平末端

酶也可产生平头末端。平头DNA片段可在某些DNA连接酶作用下连接起来，但连接效率不如粘性末端高。

（3）同聚寡核苷酸末端连接。

（4）人工接头分子连接　在平头DNA片段末端加上一段人工合成的、具有某一限制性内切酶识别位点的寡核苷酸片段，经限制性内切酶作用后，就会产生粘性末端。

连接反应需注意载体DNA与DNA片段的比率。以λ或Cos质粒为载体时，形成线性多连体DNA分子，载体与DNA片段的比率高些为佳。以质粒为载体时，形成环状分子，比率常为1∶1。

引入寄主细胞

此步骤常用的方法有两种：

转导和转化有何不同？

（1）转化或转染，方法是将重组质粒DNA或噬菌体DNA（M13）与氯化钙处理过的宿主细胞混合置于冰上，待DNA被吸收后铺在平板培养基上，再根据实验设计，使用选择性培养基筛选重组分子，通常重组分子的转化效率比非重组DNA低，原因是连接效率不高，有许多DNA分子无转化能力，而且重组后的DNA分子比原载体DNA分子大，转化困难。

（2）转导，病毒类侵染宿主菌的过程称为转导，一般转导的效率比转化高。

**克隆的选择**

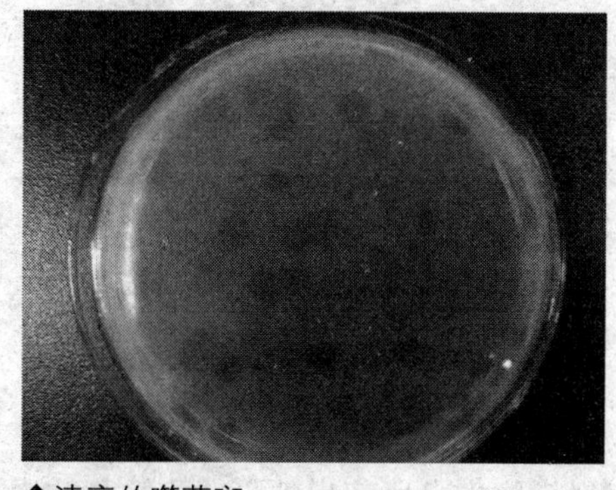

◆清亮的噬菌斑

直接筛选：有些载体带有可辨认的遗传标记，能有效地将重组分子与本底区分。例如：有些λ噬菌体携带外源基因后形成的噬菌斑就会从原来的混浊变为清亮；还有些载体分子携带外源基因后，形成的菌落或噬菌斑的颜色有明显变化，如蓝色变为无色；有些λ噬菌体能侵染甲菌而不能侵染乙菌，携带外源DNA片段后便能侵染乙菌，因此乙菌释放的噬菌体均为重组分子。

间接筛选：有引起载体分子带有一个或多个抗药性标记基因，当外源DNA插入到抗药基因区后，基因失活，抗性消失。如一质粒有A和B两个抗药性基因，当外源基因插入到B基因区后，便只抗A药而不抗B药。因此能在A药培养基上正常生长而不能在B药培养上生长的便是重组分子。

核酸杂交：广泛用于筛选含有特异DNA顺序的克隆。方法是将菌落或噬菌斑“印迹”到硝酸纤维膜等支持物上，变性后固定在原位，然后与标记的核酸探针进行杂交。阳性点（探针结合位点）的位置就是所需要的克隆。

免疫学方法：如果重组克隆能在宿主菌中表达，就可以用特异的蛋白质抗体为探针，进行原位杂交，选择特异的克隆。

## 重要意义与应用

分子克隆技术是20世纪70年代才发展起来的，它的出现和应用开辟了分子遗传学研究的新领域，打开了人类了解、识别、分离和改造基因，创造新物种的大门。它的成就对工业、农牧业和医学产生深远影响，并将为解决世界面临的能源、食品和环保三大危机开拓一条新的出路。

在农业生产方面，植物遗传工程对提高农作物的产量、培育新的农作

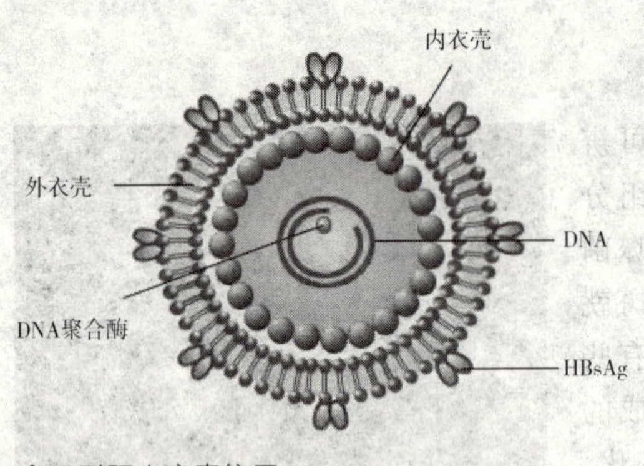

◆乙型肝炎病毒抗原

物品种提供了可能。有许多外源基因导入植物获得成功。

在医学方面，利用分子克隆技术已将胰岛素，人、牛和鸡的生长激素，人的干扰素，松驰素，促红细胞生长激素，乙型肝炎病毒抗原和口蹄疫病毒抗原的基因制成工程菌，利用发酵工业进行了大规模生产。还可提高微生物本身所产生的蛋白酶类和抗生素类药物的产量。

1. 什么是分子克隆？
2. 分子克隆的方法有哪些？
3. 什么是 cDNA 文库？
4. 分子克隆对人类有什么益处？

# 走出微观世界
# ——个体水平的克隆

“无心插柳柳成荫”的诗句可以说是家喻户晓，诗句中的“插柳”实际上就是一个“个体克隆”过程，就是把柳枝切成小段插入土中，长成一棵小柳树。因此，人们对个体克隆不应该是陌生的。那么到底什么是个体克隆，它有什么用途，能给人类带来什么好处，又有什么危害呢？得失之间，人类该怎样权衡呢？就让我们一起来共同揭晓吧！

◆柳



## 个体克隆的定义

◆猴子

克隆通常是一种生物技术，以人工诱导的无性生殖方式或者自然的无性生殖方式（例如植物），产生与原个体有完全相同基因组后代的过程。个体克隆则是经过一系列的操作，产生一个或多个与亲代完全相同的个体，这种克隆所用的生物材料可能是一个细胞，也可能是一个组织。很显然，基因克隆、细胞克隆和个体克隆是在三个不同的层次上所开展的工作。以原有的基因或细胞或生物个体作为模板，复制出多个与原来模板完全相同的基因或细胞或生物个体来。这就有点像大家利用复印机复印资料（或用胶片冲洗照片一样，从原有的资料或底片复制出许多完全一样的资料或照片来）。

## 个体克隆的巧妙运用

由于动物体细胞克隆可以复制出数量巨大的优良个体，因此动物克隆技术可以首先应用于畜牧业育种上。目前在动物育种中所采用的方法主要是杂交育种，即把两个具有不同优良性状的雌雄个体进行交配，然后在后代中去选择人们所需要的个体。要获得一个优良品种，往往需要几年甚至几十年的时间，而且必须不断地进行育种。如果采用动物个体克隆技术，就可以大量复制出人类所需要的优良个体，还可以大大缩短育种时间和节省大量的人力、物力。

> 蛋白质具有免疫作用。免疫细胞和免疫蛋白有白细胞、淋巴细胞、巨噬细胞、抗体（免疫球蛋白）、补体、干扰素等，这些细胞和生理调节物质构成了人体内的“保安部队”，维护身体的安全。

◆基因克隆狗

如果将个体克隆技术用于生物医学方面，将会产生巨大的经济效益。目前有许多基因工程产品是由微生物细胞或动物细胞产生的，但有的基因工程产品则是由转基因的动物个体产生的，比如人乳铁蛋白、抗凝血酶、血清白蛋白等医用蛋白质。这些蛋白质的价格十分昂贵。要获得一个高效表达这些基因的转基因动物，往往需要投入大量的人力和物力，但是要想使具有如此优良性状的个体稳定地长期保存下去，几乎是不可能的。因为转基因动物不仅能正常生长，而且还应有正常的生殖能力。当这种个体与

异性个体交配后，常常不能保证每个后代个体都仍然保持与亲代相同的优良性状。如果利用动物克隆技术，就可利用转基因动物的体细胞大量复制出具有相同优良性状的个体。很显然，将基因克隆和个体克隆两种技术结合起来，将会对人类的生活产生深远的影响。

由于体细胞的细胞核在卵细胞的细胞质中重现了受精卵的分化和发育过程，因此直接利用个体克隆技术，可以研究细胞发育过程中不同基因的表达规律和调节控制机理，这将对细胞发育生物学的发展产生重要的影响。

利用个体克隆技术，可以建立起稳定的动物模型。这将有利于揭示基因结构和功能间的关系，揭示生命的本质。这对于研究人类疾病的发病机理有着特别重要的意义，并为建立新的临床治疗方案提供理论依据。

已有的研究结果表明：有的动物的器官与人的器官十分类似。这就是说，总有那么一天，人们可以用动物的器官来进行人的器官移植，而不必再利用人的器官，这将拯救许多人的生命。因此，利用动物克隆技术就可以获得足够量的动物器官用于人类器官移植。

动物克隆技术还有可能用于延缓珍稀濒危动物的灭绝。

1. 什么是个体克隆？
2. 个体克隆对现实社会有什么贡献？

# 第一个吃螃蟹的人
# ——中国克隆事业第一人

◆螃蟹

每一次事业的成功，都会出现一位伟大的先驱。敢为人先，正是这样一类人物的伟大品质所在。正所谓，“其实世界上本没有路，走的人多了也就有了路”，这些伟人总是在茫茫丛林中为大家开辟了一条又一条的康庄大道，我们要学习的不仅仅是他们留下的科学文化知识，更重要的是精神品质的熏陶……



## 生物学家童第周

说起克隆，我们中国著名生物学家童第周先生早在 1978 年就成功地进行了黑斑蛙的克隆试验，他将黑斑蛙的红细胞的核移入事先除去了核的黑斑蛙卵中，这种换核卵最后长成能在水中自由游泳的蝌蚪。

◆童第周

鱼类换核技术的成熟和两栖类换核的成功，使一批从事良种培育工作的科学家激动不已，既然鲫鱼的囊胚细胞核取代鲫鱼卵细胞核后能得到克隆鱼，那么异种鱼换核能否得到新的杂种鱼呢？中国科学家首先提出了这个问题，也首先解决了这个问题，就是培养克隆鲫鱼成功的那个研究所，设法用鲤鱼胚胎细胞的核取代了鲫鱼卵细胞的核。鲤鱼细胞核和鲫鱼卵细胞质居然都能相安无事，并开始了类似受精卵分裂发育的过程，最后长出有“胡须”的“鲤鲫鱼”，这种鱼有“胡须”，生长快，完全像鲤鱼，但它的侧线鳞片数和脊椎骨的数目与鲫鱼相同，而且鱼味鲜美不亚于鲫鱼。这种人工克隆新鱼种的出现，为鱼类育种开辟了新途径。春天，大地复苏，是金鱼繁殖的季节，为了探索生物遗传性状的奥秘，年过古稀的童第周开始了新的探索。他选择了金鱼和鲫鱼作为他的实验材料。实验室里，童第周坐在实验台前，助手们在实验室里紧张地忙碌着，做着实验前的准备。一切都在有条不紊地进行着。童第周想通过这个叫作核酸诱导的试验来验证他自己在科学研究上的设想。金鱼排卵了，排出的受精卵比芝麻还小！

◆实验材料——鱼

◆鲫鱼与鲤鱼

一场紧张的战斗开始了，助手们把他们已经提纯过的鲫鱼卵的核酸，迅速送到童第周的手边，童第周用他那灵巧的双手将这些核酸注入了金鱼受精卵的细胞质内。他想看看鲫鱼卵的核酸对金鱼的受精卵是否有影响，看看由这种金鱼受精卵长大而成的金鱼的性状是否会发生变化。

从清晨到下午 2 点，8 个小时过去了，实验在一批接一批地进行。坐在实验台前的童第周已经是腰酸背疼、饥肠辘辘了，但是他还是顽强地坚持着，一丝不苟地操作着。助手们都看不过去了，要知道，童第周已是 70

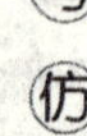

◆目前世界最大鲤鱼体重大约有 116 千克

◆金鱼

岁高龄的人了啊！

“童老，您休息一会儿吧！”一位助手忍不住说道。童第周摇摇头说：“应该记住，我们的事业需要的是手，而不是嘴！而且，你们不是和我一样忙吗?”童第周就是这样，以身作则，严格要求自己。助手们每人一个实验记录，他都要亲自过目。他常以“认真是成功的秘诀，粗心是失败的伴侣”来勉励他的助手。后来，助手们都成了他亲密朋友。

不久，这些由动过手术的受精卵产生的金鱼慢慢长大了，奇迹也出现了。童第周和他的助手们惊喜地发现，在发育成长的 320 条幼鱼中，有 106 条由双尾变成了单尾，金鱼表现出鲫鱼的尾鳍性状！这些鱼既有金鱼的性状，又有鲫鱼性状。这说明，从鲫鱼卵中提取的核酸对改变金鱼的遗传性状起着显著的作用。这也说明并不只是细胞核控制生物的遗传性状，细胞质也起着非常重要的作用。

实验的成功，证实了童第周的设想。这种单尾的金鱼就是诗人赵朴初所称誉的“童鱼”。

## 童第周的故事

童第周出生在浙江省鄞县的一个小村里，家庭生活十分贫困，没有钱进学校读书，只能在家里边做些农活边跟父亲学点文化。直到 17 岁，才在二哥的帮助

下进了宁波师范。可是第一学期考试成绩总平均分没有及格，学校让他退学或降级，经童第周再三请求，学校勉强答应试读半年。童第周发誓，一定要把成绩赶上去。童第周坚持顽强的学习。终于取得了好成绩。在进入上海复旦大学以后，他更加勤奋学习，临近毕业时，他已经成为生物系的高材生了。童第周认识到，世界上没有天才，天才是用劳动换来的。要攀登生物学的高峰，需要付出更艰苦的劳动。

拓展思考

1. 鲫鱼和鲤鱼应该怎样区分？
2. 鱼类是怎样排卵的？
3. 你还知道关于童第周先生哪些故事？

# 克隆路上并不孤独
# ——克隆技术与遗传育种

◆克隆小狗

近年来，动物克隆技术飞速发展，其成果令人瞩目，自从克隆羊多利诞生以来，大家对动物克隆的热情也越来越高涨，特别是在医学方面应用的探究更是愈演愈烈。而小猪因其器官大小、结构和生理特点等与人器官极为相似，也当之无愧地成为国际上最理想的异种器官移植研究材料。目前，作为糖尿病、心脏病、高血压、帕金森病等重大人类疾病的动物模型和新药筛选模型，已经得到全世界医药管理机构认可，虽然它的应用还很遥远，但如果有一天，人体移植猪器官成为可能，那就真的应验了那句俗语：猪的全身都是宝。

## 克隆猪宝宝诞生了

中国农业大学成功地获得我国第一头体细胞克隆猪，这是我国独立自主完成的首例体细胞克隆猪，填补了我国在这一领域的空白。

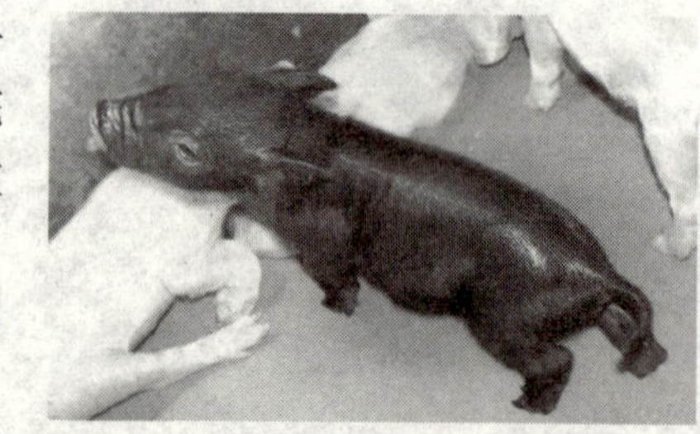
◆中国第一头克隆小猪

小香猪出生体重超过 1 千克，中国农业大学在 2005 年 8 月 8 日对外宣布，在国家重点基础研究发展规划——

◆香猪

“973”项目以及北京市自然科学基金资助下，李宁教授领导的课题组经过一年多的科技攻关，终于在8月5日这一天获得回报。5日10时50分，在河北省三河市明慧养猪公司，一头体重1130克，健康活泼的克隆小香猪顺利诞生。

这头克隆小香猪的诞生，表明我国在此项研究上已经达到了国际先进水平。猪的体细胞克隆难度比牛、羊大得多，此前仅有英国、日本、美国、澳大利亚、韩国及德国获得过猪的体细胞克隆后代，我国因此成为第七个拥有自主克隆猪能力的国家。

据介绍，此次克隆猪供体细胞来自于我国地方优良猪种——香猪的胎儿，受体卵母细胞来自屠宰母猪的卵巢。我国科学工作者将实验室构建的克隆胚植入15头白色母猪体内，其中一头母猪妊娠，克隆胎胚经116天发育，共产下3头黑色小香猪，仅存活一头，截至目前，这头克隆小香猪健康状况良好。

李宁教授指出，开展猪的体细胞克隆具有极其重要的意义，在医学上，可以为人类异种器官移植研究以及疾病模型研制提供理想的材料，在农业上，可以丰富地方猪品种改良以及地方优良猪种保种的手段。

由于猪的器官在生理功能以及形态大小上和人都非常接近，所以被认为是开展人异种器官移植的理想器官供体。此次首例体细胞克隆香猪的诞生，将为我国深入开展异种器官移植、优质猪培育以及地方良种猪保种打下坚实的基础。

## 克隆猪技术

目前，生产克隆猪主要有3种不同方法。

第一种方法是胚胎分割。利用胚胎分割技术将动物早期胚胎一分为二，甚至一分为四或八，以获得同卵双生或同卵多生后代。迄今为止，通

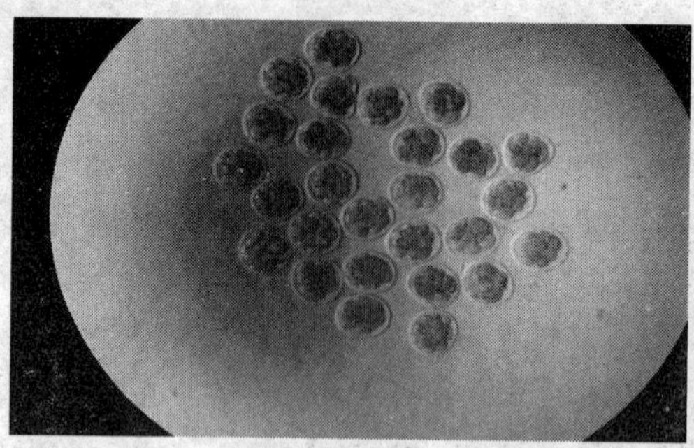
◆胚胎分割

过胚胎分割已获得了从二细胞时期到扩张孵化胚泡各发育阶段的同卵双生后代。利用该技术已成功获得小鼠、山羊、绵羊、牛、马和猪的同卵双生后代，还获得了同卵三生（牛）和同卵同生（绵羊）后代。但此法得到的分割胚胎有限，生产克隆猪时应用得较少。

◆生物制品——蘑菇

第二种方法是利用胚胎干细胞（ES）形成的生殖系嵌合体生产克隆后代。胚细胞具有多能性，当被导入早期胚胎后可形成嵌合体，然后筛选出生殖系嵌合体并进行交配便可得到克隆后代。在小鼠上 ES 细胞和基因打靶技术已成为生产转基因动物的常规方法。猪 ES 细胞分离成功的报道很少，只建立了猪类 ES 细胞系，因此利用生殖嵌合体生产克隆猪受到限制，随着猪 ES 细胞分离成功，该技术可望在猪克隆上得到广泛应用。

**经典回顾**

**核移植技术**

所谓细胞核移植技术，就是将供体细胞核移入除去核的卵母细胞中，使后者不经过精子穿透等有性过程即无性繁殖即可被激活、分裂并发育成新个体，使得核供体的基因得到完全复制。以供体核的来源不同可分为胚细胞核移植与体细胞核移植两种。

第三种方法是核移植技术。当前，克隆猪大多采用此法。到目前为止，利用核移植技术生产克隆动物的核供体细胞主要有 3 种：胚胎细胞、胎儿成纤维细胞和体细胞。后两者来源广泛，培养较容易，但并不适于同

源重组，而同源重组又是生产基因敲除动物所必需的。相反胚胎细胞更接近于ES细胞，可进行同源重组，并可建立细胞系。克隆动物时需要大量成熟卵母细胞及胚。因此有必要获得大量未成熟卵母细胞，并通过建立体外成熟、体外受精和体外培养系统来满足需要。

## 研究意义

利用克隆技术可以极大地加快猪育种进程，大大缩短育种年限，在较短时间内获得大量遗传同质的优秀后代，显著提高育种效率。猪克隆技术与转基因技术相结合可为人类生产大量的珍贵生物制品，并在医学领域也有诱人的应用前景。这种技术除了可以生产各种医用人体蛋白外，对人类的细胞和组织治疗也大有好处。用此技术可以生产基因敲除动物，从其身上可以获得不含人特定抗原基因的组织器官，以用于异种移植，解决人类移植器官供求矛盾，促进人类疾病的治疗。而这一点正是克隆猪较其他克隆物种所具有的独特优点。

◆生物制品——液氮罐

拓展思考

1. 克隆在遗传育种方面为什么会如此受欢迎呢？
2. 目前，生产克隆猪主要有哪几种方法？
3. 克隆猪有什么研究意义？
4. 请大家说说克隆在遗传方面还有哪些其他作用？

# SOS
# ——克隆技术与濒危生物保护

◆鹰

克隆技术给医生带来了新的希望，同时也为保护珍稀濒危物种带来福音。中国科学院遗传研究所研究员魏荣蕴在接受记者采访时说："克隆"羊实际上就是"复制"羊。相对于20世纪70年代的DNA技术来讲，可以说是一个飞跃，其意义是划时代的。然而这其中出现的难题也是不容忽视的。都有哪些难题呢？这就需要大家一起开动脑筋想想了。

## 濒危动物保护

克隆技术被誉为"一座挖掘不尽的金矿"，它在生产实践上具有重要的意义，潜在的经济价值十分巨大。首先，在动物杂种优势利用方面，较常规方法而言，哺乳动物克隆技术费时少、选育的种畜性状稳定；其次，克隆技术在抢救濒危珍稀物种、保

◆火蜥蜴

护生物多样性方面可发挥重要作用，即使在自然交配成功率很低的情况下，科研人员也可以从濒危珍稀动物个体身上选择适当的体细胞进行无性繁殖，达到有效保护这些物种的目的。

◆灰犀鸟

克隆很大程度上促进了人类科技文化的发展。克隆能为人类作出很大的贡献，它不仅能有效地繁殖高附加值的牲畜，挽救珍稀动物，还对研究癌生物学，研究免疫学，研究人的寿命有不可低估的作用。

可以从种群数量上来说。在野生动物的生存和繁衍中存在一个问题，就是某些野生动物本身种群数量太少了，以至于它们无法顺利地交配、繁衍，往往被迫出现类似于近亲结婚的事情，这样会影响后代的质量，进而影响了整个种群的质量。听说，东北虎就面临这样的问题，曾经需要把送给美国的东北虎借回来交配。克隆技术的出现或许在帮助扩大野生动物的种群数量的问题上可以有所帮助。



## 濒危动物克隆难关重重

自克隆羊诞生之后，科学家就一直希望能利用这种技术克隆出已经濒临灭绝的哺乳动物，比如白鳍豚和被称为动物活化石的大熊猫。但是用克隆技术挽救濒危动物面临着很多难题。

◆白鳍豚

濒危动物不仅仅数量少，其濒临灭绝的主要原因是其生殖方面存在的问题，而生殖问题又是克隆技术能否成功的关键。大熊猫数量稀少，目前对其繁殖过程中的研究还存在许多解不开的谜团，例如受精卵在大熊猫子宫中需要多长时间才能着床，目前人类还无法通过试验来获得这些数据。再比如白鳍豚，不仅数量比大熊猫还少，而且还是水生生物，而将胚胎植入子宫中的技术难度是陆生动物所不可比拟的。再者，克隆还会导致濒危动物的遗传多样性下降，可能使其走向灭绝。

## 幸运的小猫咪

这是位于美国南部路易斯安那州新奥尔良市的美国奥德班濒危物种研究中心在2005年8月22日公布的5只小猫的照片，这5只小猫是7月26日通过两只克隆野猫自然交配而产下的。据该中心研究人员19日宣布，一只雄性克隆猫已与两只雌性克隆猫通过自然交配方式成功生育了8只小猫。在此之前，克隆的羊、老鼠、牛也曾实现自然繁育，但这还是第一次实现两个克隆野生动物之间的自然交配，这表明克隆技术是可以用于保护濒危物种的。

◆克隆小猫咪

1. 克隆对濒危动物有什么作用？
2. 濒危动物克隆时有哪些困难呢？
3. 你所知道的濒危动物还有哪些？

# 为人民服务
## ——克隆技术与医学



在当代，医生几乎能在所有人类器官和组织上施行移植手术，但就科学技术而言，器官移植中的排斥反应仍是最为头痛的事。但是，试想如果把“克隆人”的器官提供给“原版人”，作器官移植之用，则绝对没有排斥反应之虑，因为两者基因相同，组织也相同。所以克隆技术也将在医学方面掀开一页美丽篇章。

◆脑器官模型

## 克隆干细胞的无限“潜能”

◆人造干细胞

自多利以后，克隆技术受到的高度瞩目，除了道德争议外，也来自于其蕴藏的无限潜能。以人体为例，全身细胞随着年龄的增长、新陈代谢的退化、克隆活力的丧失，逐渐产生组织的老化现象，例如神经细胞退化死亡，可能造成记忆力减退或是帕金森氏症；身体关节组织老化，会引起退化性关节炎。此外，疾病也常常造成身体器官组织的损伤或功能丧失，例如心脏病所造成的心肌受损、凝血因子缺乏所产生的血友病、镰刀形红血球所造成的贫血

问题。

在人类医学或是其他哺乳动物的研究上，都显示使用干细胞能够产生有限度的组织修补效果，进而减轻并改善症状。然而考虑到自体来源的干细胞数量有限，若改以异体移植它种生物或是他人的干细胞，却容易因为身体自有的免疫辨识反应而破坏干细胞移植的效果。因此，能够利用自体体细胞与克隆技术产生胚胎干细胞的构想，自然为未来干细胞医学带来一线曙光。

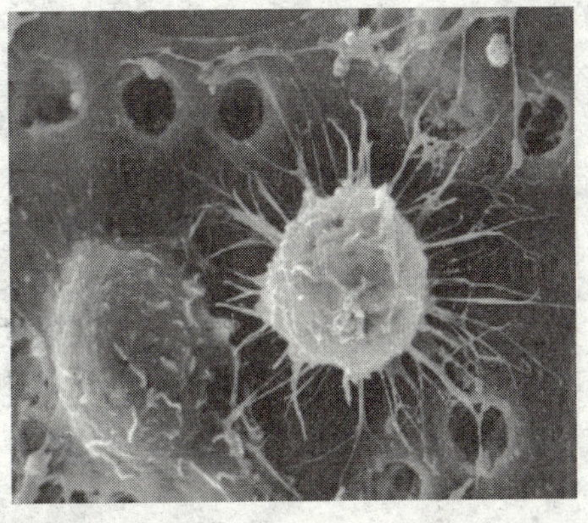

◆干细胞

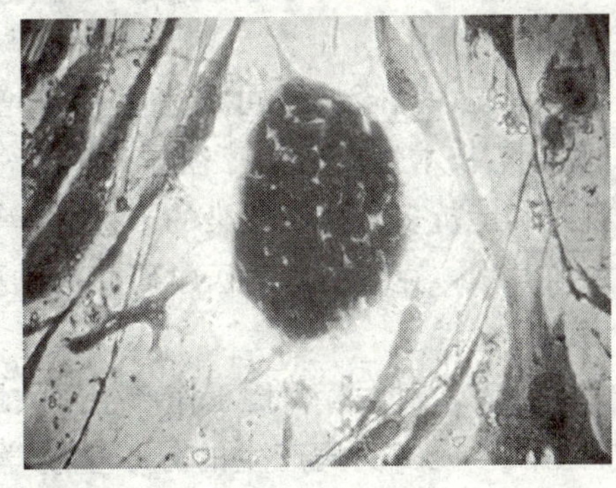

◆胚胎干细胞

针对人类所进行的克隆技术与胚胎干细胞操作，现今仍有许多道德上的争议，世界各国的法律规范也不尽相同，在诸多条件尚未成熟的状态下，动物模式的研究例如小鼠，自然有其重要性及价值。先前的研究结果已证实，小鼠的胚胎干细胞能够在送入成鼠体内后散布到各个器官，并且分化发育为不同的组织形态。这样的结果支持利用胚胎干细胞治疗及修补人类身体各种组织缺陷的可行性。

胚胎干细胞研究与克隆技术的结合，似乎为未来基因治疗的可行性开启了新的一页。克隆技术使我们得以生产与自体体细胞核内的遗传物质完全相同的胚胎干细胞，而胚胎干细胞可以在体外培养的优点，有利于基因治疗的操作。经处理后的胚胎干细胞可以利用特定的物质进行诱导，以得到我们需要的各种组织细胞，再送回人体便能够修补和更新那些因疾病或老化而受损的器官组织。这样的构想，已经初步在小鼠以及大型哺乳类动物上试验成功了。未来，克隆胚胎的道德问题若能得到解决，以克隆技术产生的胚胎干细胞，将会改变未来的医疗方式，并且造福更多有需要的人。

知识库

干细胞

干细胞是一种未充分分化、尚不成熟的细胞，具有再生各种组织器官和人体的潜在功能，医学界称之为“万用细胞”。人体干细胞分两种类型，一种是全功能干细胞，可直接克隆人体；另一种是多功能干细胞，可直接复制各种脏器和修复组织。人类寄希望于利用细胞的分离和体外培养，在体外繁育出组织或器官，并最终通过组织或器官移植，实现对临床疾病的治疗。

## 克隆技术在医学上的妙用



首先，克隆技术可用来大量扩增有价值的基因，例如人们正是通过“克隆”技术生产出治疗糖尿病的胰岛素、使侏儒症患者重新长高的生长激素和能抗多种病毒感染的干扰素等等。

其次，克隆技术为医学研究提供更合适的动物，大大提高试验的精确度和安全性。

再者，对医疗保健工作产生重大影响，如依靠分子克隆技术，搞清致病基因，提出疾病产生的分子生物学机制；为器官移植寻求更广泛的来源，将人的器官组织和免疫系统的基因导入动物体内，长出所需要的人体器官，可降低免疫排斥反应，提高移植成功率。

1. 克隆在医学上有什么作用呢？

2. 把“克隆人”的器官提供给“原版人”，作器官移植之用，为什么绝对没有排斥反应？

3. 你能说出胚胎干细胞的其他作用吗？

# 知识就是金钱
# ——人体艺术克隆业的兴起

人体克隆，好神奇的字眼，什么是人体克隆呢？谁都想青春永驻，将自己最美丽的面貌永远存留，但这好像是不可能的，因为人总是要变老的。但是有了人体克隆之后，这个梦想不再遥不可及。试想如果将闪着典雅的亚光色调，连手上的指纹都能清晰可见的“克隆的你”，挂在你喜欢的地方，留住的将是一种永恒且珍贵的回忆，让您“青春永恒，美丽永存”。它到底是怎么回事呢？让我们一起来揭开这层神秘的面纱吧！

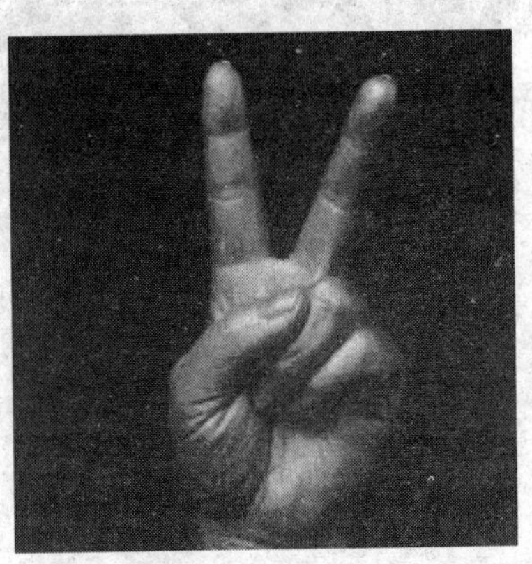

◆人体艺术克隆



## 人体克隆的揭秘

人体艺术克隆是一种人体外形复制艺术。它是采用国际美容界先进的皮肤护理技术与工艺品制作技术相结合而成，以天然植物精华为原料，在需要进行“克隆”的人体器官表面进行技术处理，然后用“克隆”器官的模具和工艺品制作技术进一步深加工而成。人体艺术克隆与医学上的克隆人完全不同，这里只是借用了克隆一词的“复制”概念。这样做不只是让人听起来新颖易记，更重要的是只有“克隆”一词才能准确、真切地把该项技术的精细特征凸显出来。

人体艺术克隆是将美容专用材料与进口天然植物纤维合成物做成的克隆专用胶，在人体器官表面进行倒模工艺，十几分钟便可成型，然后将一种高分子合成材料注入基模，一个与原体一模一样的复制品就出来了，接

◆人体克隆

下来是着色，可处理成亮金、亮银、纯白、透明水晶、玛瑙、仿铜或柔软真人肌肤等效果。最后是装帧，或镶在镜框或安于基座。这样一幅新颖独特、妙趣横生的局部人体艺术克隆品就做好了。

这种人体器官复制工艺，它可根据客户的要求制作出“脸、鼻、耳、嘴、手、脚”乃至于整个人体等器官造型的工艺品，能复制成世界上独一无二的人体艺术雕像，其纹路、线条、大小与真的非常相似，永不变形。同时，还可将复制器官点缀在镜框、花瓶、项链、钥匙链及其他物品上，或作为家庭装饰品、纪念品和礼品，独具时尚品味。

你知道吗？

克隆专用胶不仅对人体无任何不适感觉及不良作用，且对所要克隆部位的皮肤能起到一定的美容洁肤作用！克隆专用胶原料有专用模料粉剂、不饱和工艺树脂、促进剂、固化剂、香蕉水、铜金粉、聚氨脂清漆。

## 神奇的“塑造”过程

人体克隆说它神奇它很神奇，说它不奇它也很普通，当你了解了它的制作步骤，你就可以“傲视”它了。

1. 复制操作

首先准备一顶塑料帽子，盖住复制者的整个头顶和耳朵后脑部（帽子形状似美容店作脸部美容的塑料帽），然后在脖子间套上专用脖子卡，托卡住下巴以下部位，只露出一张完整的脸部，然后复制者平躺在工作桌上。将专用的模塑粉剂料调成半稀稠的糊状，在复制者的鼻腔内插入二根细软的塑料呼吸管，双眼应略紧闭，以防操作时浆料滴入眼内。此时便可以把浆料慢慢倒在整张脸部上，并用细软毛刷均匀涂抹，注意在鼻子的高部位应与面颊处的厚度均匀一致，各处的厚度均在 1.5 至 2 厘米左右，待经过 5 分钟左右浆料便自行凝固，便可以把模具从脸上自上而下轻轻揭下。

第二步工作是将已成形的脸塑模具朝天放在工作台上，把已称好一定数量的树脂加入固化剂及促进剂加以调均匀（树脂内的各配方比例严格按树脂性质配置，否则会影响凝固时间），并用刮刀将模具内的胶液朝四周调刮均匀。一般大约在 30 分钟后便可以自行固化，固化后轻轻脱出内膜，一张与复制者脸一模一样的克隆脸就做成了。

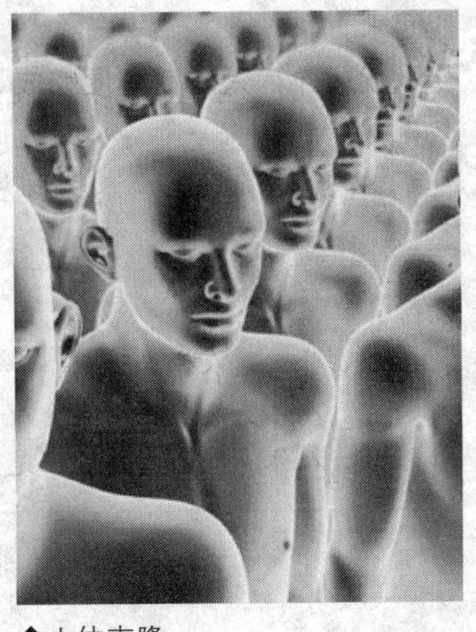

◆人体克隆

◆卡通工艺品

第三步把脱出的半成品脸坯体放入清水中，用细金刚砂纸认真打磨各地方的毛刺及斑点，边洗边打磨直至坯体光滑透亮为止。最后是对脸部眼睛的细加工，因为在前期制模塑时，复制者的眼睛处于略紧闭状态，必须用工具刀对眼睛修复整理，使眼略修大一些。但不能走样，尽可能保持完美，最后把塑像四周的残胶液全部打磨掉即可。

2. 表面处理加工

首先将准备好的铜金粉内倒入少许香蕉水，调配成较薄的金粉液，即用干净的细软毛刷将金粉液涂在坯体表面，第一遍应薄薄涂上一层作打底，待半干后再涂第二遍金粉液，最后涂刷上一层聚氨脂清漆作光亮剂。装饰可以根据本人喜爱选择一定的艺术镜框，在镜框内安一幅版画或风景油画，把塑像粘贴上去便可悬挂起来。

就这样，人体克隆便完成了。

1. 什么是人体克隆？
2. 人体克隆与医学克隆有什么区别？
3. 人体克隆的制作过程是什么？

克隆与仿生

# 哪里有需要　哪里就有科学
# ——克隆的前景

正所谓所有的事情都是两面的，存在即有它的合理性。对克隆，我们既要大力发展，当然发展的同时更要注意其规范性与合法性。充分发挥其对人类有利的一面，把副作用控制到最小，这才是我们科学的目的与动力。



## 克隆的发展方向

理性规范的克隆发展方向应该是这样的：

1. 培育优良畜种和生产实验动物

◆骡

克隆技术之所以会突飞猛进地发展，原因之一是他能给人类带来极大的好处，例如英国PPL公司已培育出羊奶中含有治疗肺气肿的a—1抗胰蛋白酶的母羊。这种羊奶的售价是6000美元一升。一只母羊就好比一座制药厂，用什么办法能最有效、最方便地使这种羊扩大繁殖呢？最好的办法就是“克隆”。同样，荷兰PHP公司培育出能分泌人乳铁蛋白的牛，以色列LAS公司育成了能生产血清白蛋白的羊，这些高附加值的牲畜如何有效地繁殖？答案当然还是“克隆”。

骡为什么不能繁殖后代？

◆中国首例体细胞克隆波尔山羊

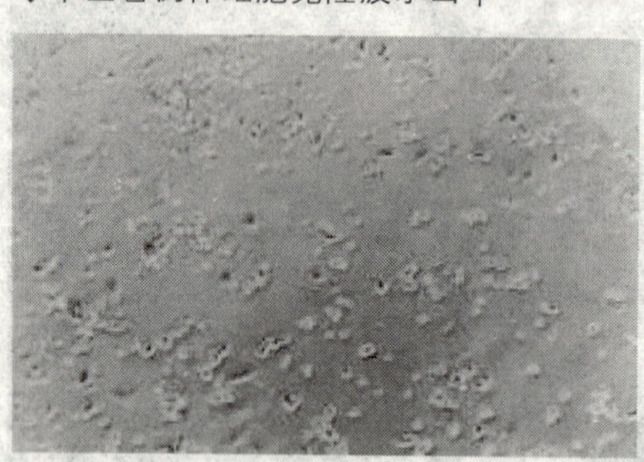

◆ES细胞（R1）在没有饲养层细胞时刚贴壁时生长

母马配公驴可以得到杂种优势特别强的动物——骡，骡不能繁殖后代。那么，优良的骡如何扩大繁殖？最好的办法也是“克隆”，我国的大熊猫是国宝，但自然交配成功率低，因此已濒临绝种。如何挽救这类珍稀动物？“克隆”为人类提供了切实可行的途径。

2. 生产转基因动物

转基因动物研究是动物生物工程领域中最诱人和最有发展前景的课题之一，转基因动物可作为医用器官移植的供体、作为生物反应器，以及用于家畜遗传改良、创建疾病实验模型等。但转基因动物的实际应用并不多，除单一基因修饰的转基因小鼠医学模型较早得到应用外，转基因动物乳腺生物反应器生产药物蛋白的研究时间较长，已进行了十多年，但在全世界范围内仅有2例药品进入3期临床试验，5～6个药品进入2期临床试验而其农艺性状发生改良、可资畜牧生产应用的转基因家畜品系至今没有诞生。转基因动物制作效率低、定点整合困难所导致的成本过高和调控失灵，以及转基因动物有性繁殖后代遗传性状出现分离、难以保持始祖的优良胜状，是制约当今转基因动物实用化进程的主要原因。

体细胞克隆的成功为转基因动物生产掀起一场新的革命，动物体细胞克隆技术为迅速放大转基因动物所产生的种质创新效果提供了技术可能。采用简便的体细胞转染技术实施目标基因的转移，可以避免家畜生殖细胞来源困难和低效率问题的发生。同时，采用转基因体细胞系，可以在实验室条件下进行转基因整合预检和性别预选。在核移植前，先把目的外源基因和标记基因（如 LagZ 基因和新霉素抗生基因）的融合基因导入培养的体细胞中，再通过标记基因的表型来筛选转基因阳性细胞及其克隆，然后把此阳性细胞的核移植到去核卵母细胞中，最后生产出的动物在理论上应是 100%的阳性转基因动物。采用此法，施尼克等已成功获得 6 只转基因绵羊，其中 3 只带有人凝血因子，3 只带有标记基因，目的外源基因整合率高达 50%。奇贝利同样利用核移植法获得 3 头转基因牛，证实了该法的有效性。由此可以看出，当今动物克隆技术最重要的应用方向之一，就是高附加值转基因克隆动物的研究开发。

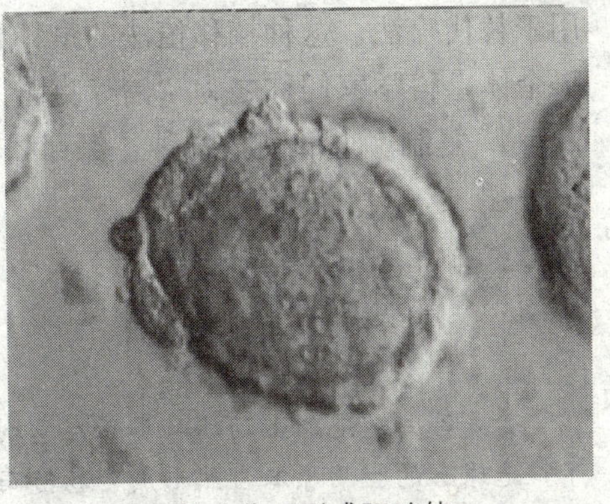

◆ES 细胞开始分化，形成胚胎体

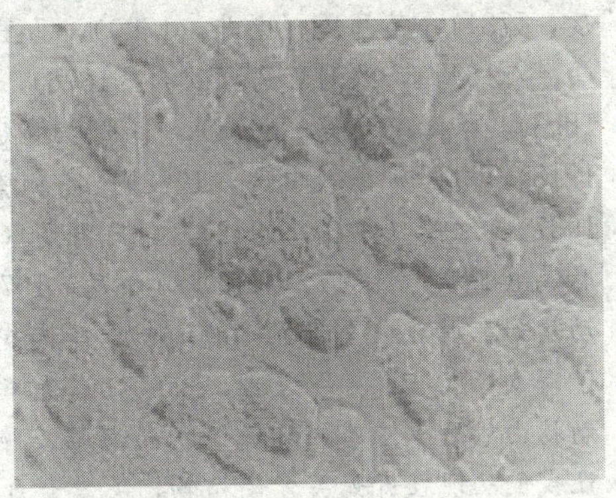

◆ES 细胞（R1）在没有饲养层细胞时生长四天后

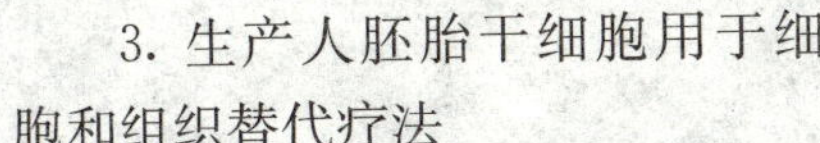

3. 生产人胚胎干细胞用于细胞和组织替代疗法

胚胎干细胞（ES）是具有形成所有成年细胞类型潜力的全能干细胞。科学家们一直试图诱导各种干细胞定向分化为特定的组织类型，来替代那些受损的体内组织，比如把产生胰岛素的细胞植入糖尿病患者体内。科学家们已经能够使猪 ES 细胞转变为跳动的心肌细胞，使人 ES 细胞生成神经细胞和间充质细胞和使小鼠 ES 细胞分化为内胚层细胞。这些结果为细胞和组织替代疗法开辟了道路。

科学家已成功分离到人 ES 细胞，而体细胞克隆技术为生产患者自身的 ES 细胞提供了可能。把患者体细胞移植到去核卵母细胞中形成重组胚，把重组胚体外培养到囊胚，然后从囊胚内分离出 ES 细胞，获得的 ES 细胞使之定向分化为所需的特定细胞类型（如神经细胞，肌肉细胞和血细胞），

用于替代疗法。这种核移植法的最终目的是用于干细胞治疗，而非得到克隆个体，科学家们称之为“治疗克隆”。

4. 复制濒危的动物物种，保存和传播动物物种资源。

## 关爱大自然

你是否知道地球上动物种类正在急剧减少，一个接一个、一种接一种地消失了？地球上的生物原本自然形成食物链而互相依存。有人问，如果这世界上只剩下人类，人类还能支撑多久？请看令人忧心的近年动物灭绝记载：渡渡鸟（印度，1781），蓝马羚（南非，1799），马里恩象龟（舌塞尔，1800），大海雀（大西洋，1844），欧洲野马（欧洲，1876），斑驴（亚洲，1883），白臀叶猴（中国，1893），旅鸽（北美，1914），佛罗里达猴（北美，1917），卡罗莱纳鹦鹉（北美，1918），中国犀牛（中国，1922），高加索野牛（欧洲，1925），巴厘虎（印尼，1937），红鸭（印度，1942），普氏野马（中国，1947），袋狼（澳洲，1948），冠麻鸭（亚洲，1964），爪哇虎（印尼，1972）……也有材料谈到我国濒临灭绝的动物如：糜鹿（全世界 3000 头），华南虎（50 头），雪豹（1000～2000 头），扬子鳄（1500 只），白鳍豚（100 只），大熊猫（1000 只）全世界有 794 多种野生动物由于缺少应有的环境保护而濒临灭绝，76 科 300 余种植物濒临灭绝……请让我们从现在开始关爱动植物，关爱大自然，共同保护我们共同的家园。

## 拓展思考

1. 理性的克隆应该被应用于哪些方面的研究？
2. 骡子是怎样产生的？
3. ES 指的是什么？
4. 我国已经被应用于体细胞克隆的动物还有哪些？

克隆与仿生

# 逆转生命的时钟

## ——动物克隆技术

古人有云：人死不能复生。所以，人们一直在寻找一种能够使人长生不老或者能够返老还童的“药”，我们在《西游记》中认识到太白金星就是专门负责炼制如此“仙丹”的。不过神话终归还是一个神话。我们的科学家们做的就是要实现人们一个又一个的神话，让梦想成真。在他们的努力下，我们揭开了大自然一层又一层神秘的面纱。那么，我们的科学家为我们找到了这样的“仙丹”了吗？人类真的可以逆转生命的时钟而返老还童吗？本章节将为大家一一揭秘。

# 克隆的超级明星——多利的诞生

与生俱来的明星气质，这句话用来形容绵阳“多利”再恰当不过了。秘密地出生，爆炸性的露面，平静地死亡。多利的生活的一点一滴都牵动着世界各领域无数科学家的心。小小的一只羊儿为什么会有如此巨大的魅力呢？它究竟有哪些过“羊”之处呢？现在就让我们一起去领略一下绵羊之星多利的风采吧。

## 多利小档案

姓名：多利

性别：雌

种族：哺乳纲、牛科、绵羊

生日：1996年7月5日

出生地：苏格兰

基因父亲：无

基因母亲：一只芬·多塞特种白绵羊

线粒体母亲：一只苏格兰黑脸羊

生育母亲：另一只苏格兰黑脸羊

进入社交圈时间：1997年2月23日

子女：生育6名，存活5名

死亡：2003年2月14日

◆多利

多利是苏格兰罗斯林研究所和PPL医疗公司的共同作品。它的遗传基因的是来自一头芬·多塞特品种的白绵羊，在多利出生之前3年就已死去。苏格兰的汉纳研究所在这头母羊生前怀孕时提取了它的一些乳腺细胞进行

◆多利和它的孩子们

◆多利和它的代育妈妈

冷冻保存，后来又把这些细胞提供给 PPL 公司进行克隆研究。以伊恩·维尔穆特为首的科学家在实验室中培养这些乳腺细胞，使它们在低营养状态下“挨饿”5 天左右，然后提取其细胞核，移植到去除了细胞核的苏格兰黑脸羊的卵子里。之所以使用苏格兰黑脸羊的卵子，是因为这种羊身体大部分是白的，脸却是全黑的，很容易与白绵羊区别开来。在微电流刺激下，白绵羊的细胞核与黑脸羊的无核卵子融合到一起，开始分裂、发育，成为胚胎，植入母羊的子宫里继续发育。在 277 个成功与细胞核融合的卵子中，只有 29 个存活下来，被移植到 13 头母羊体内。移植手术后 148 天，1996 年 7 月 5 日，一只羊羔诞生了——1/277 的成功率，其他的都失败了！直到它去世的时候，克隆技术这种低得惊人的成功率，仍然没有实质性的改善。这也是科学界普遍不相信雷尔教派的克隆女婴“夏娃”身份真实性的一个原因。

多利和芬·多塞特白绵羊是什么关系？

维尔穆特对这只仅存的小绵羊宠爱有加，以他最喜爱的美国乡村音乐女歌手多利·帕顿的名字为自己的得意之作命名。1997 年 2 月 23 日，这头羊的身份向全世界披露。看上去它完全是那头芬·多塞特白绵羊的翻版（准确地说，在细胞核遗传信息上是它的翻版。还有少量遗传信息存储在细胞质的线粒体内，多利的线粒体特征与那头提供卵子的苏格兰黑脸羊相同）。一头全白的小羊羔，依偎在生下它但与它毫无血缘关系的代育母

亲——一头苏格兰黑脸羊旁边，这张著名的照片向世人显示，生物技术的新时代已经来临了。

## 多利诞生的全过程

可以说多利是由三只母羊的共同结晶。在培育多利羊的过程中，科学家采用体细胞克隆技术，主要分 4 个步骤进行：

步骤一：用一只 6 岁芬·多塞特白面母绵羊甲的乳腺细胞，将其放入低浓度的营养培养液中，细胞逐渐停止分裂，此细胞称之为“供体细胞”；

步骤二：从一头苏格兰黑面母绵羊乙的卵巢中取出未受精的卵细胞，并立即将细胞核除去，留下一个无核的卵细胞，此细胞称之为“受体细胞”；

步骤三：利用微电流的方法，使供体细胞和受体细胞融合，最后形成“融合细胞”。电脉冲可以产生类似于自然受精过程中的一系列反应，使融合细胞也能像受精卵一样进行细胞分裂、分化，从而形成“胚胎细胞”；

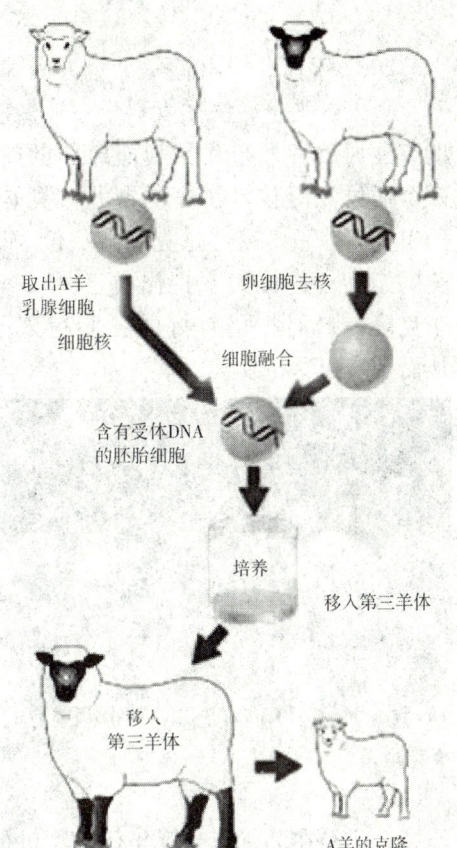

◆多利克隆流程

步骤四：将胚胎细胞转移到另一只苏格兰黑面母绵羊丙的子宫内，胚胎细胞进一步分化和发育，最后形成小绵羊——多利。

从理论上讲，多利继承了提供体细胞的绵羊甲的遗传特征，它是一只白脸羊，而不是黑脸羊。分子生物学的测定也表明，它与提供细胞核的那头羊，有完全相同的遗传物质（确切地说，是完全相同的细胞核遗传物质。还有极少量的遗传物质存在于细胞质的线粒体中，遗传自提供卵母细胞的受体），它们就像是一对隔了 6 年的双胞胎。

## 克隆女婴“夏娃”真的存在?

2002 年曾经传出过一个令人震惊的关于克隆人的消息，法国女科学家、“克隆援助”公司负责人布瓦瑟利耶声称世界上第一个通过克隆技术孕育的婴儿“夏娃”已经出生，体重 7 磅，是克隆自一位 31 岁的美国妇女。这位妇女捐出自己的 DNA 用于克隆，最后把培育好的胚胎植入子宫，从而孕育出这个女婴。

◆布瓦瑟利耶

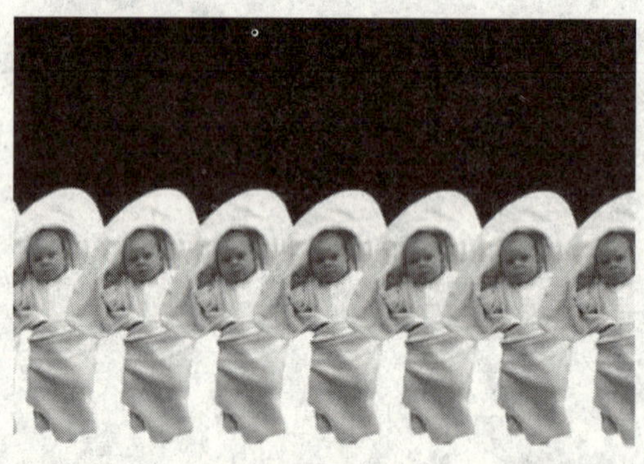
◆克隆人

世界上第一个克隆婴儿“夏娃”诞生的消息，把法国女科学家布瓦瑟利耶带进了人们的视线。最出乎人们意料的是，这位女科学家竟是一个神秘宗教团体“雷尔教派”的“主教”。“雷尔教派”1973 年创于法国，创办人雷尔曾是法国出色的赛车手和记者，总部设在加拿大的魁北克。雷尔宣称，外星人曾经在 20 世纪 70 年代光顾过他，还说地球上所有的生物都是他们“克隆”出来的。早在 1993 年，布瓦瑟利耶就加入了“雷尔教派”。

1997 年，雷尔和一个投资集团在巴哈马群岛共同创建了全球第一家致力于克隆人研究的公司“克隆援助”。有消息称，该公司的客户达到 250 人之多。2000 年，雷尔将“克隆援助”交给“克隆大师”布瓦瑟利耶管理。今年 44 岁的布瓦瑟利耶拥有物理学和生物化学双博士学位，曾经在一家化学公司担任市场负责人，目前定居在赌城拉斯维加斯，是克隆人研究领域

的专家。目前美国联邦调查局已开始调查“雷尔教派”。

关于女婴“夏娃”，布瓦瑟利耶从未透露其出生地点以及可以证明母子基因相吻合的DNA证据，所以尽管她宣布第一个克隆人已经出生，这一说法仍缺乏科学上的验证。

拓展思考

1. 人类为什么反对克隆人？
2. 你还知道哪些已经被克隆的实例？
3. 克隆技术给人类带来了哪些益处？
4. 你最想克隆什么？

# 一石激起千层浪
## ——多利引起的反响



对于多利的诞生，也是几家欢喜几家愁，兴奋、担忧、恐慌充斥着大家的神经。多利的一生所遭遇的恐慌多于欢迎。纯洁的羔羊被视为瓶中放出的魔鬼，这种滑稽的反差显示了人类进步过程中始终伴随的某种自我畏惧与自我牵制。总有一些人担心人类知道得太多，尽管在另一些人看来，我们所知道的与我们需要知道和渴望知道的相比，还显得那么微不足道……

◆维尔穆特与多利

## 双刃剑

◆多利

1997年2月，英国罗斯林研究所维尔穆特博士科研组公布体细胞克隆羊“多利”培育成功之前，胚胎细胞核移植技术已经有了很大的发展。实际上，“多利”的克隆在核移植技术上沿袭了胚胎细胞核移植的全部过程，但这并不能降低“多利”的重大意义，因为它是世界上第一例经体细胞核移植并且出生的动物，是克隆技术领域研究的巨大突破。

在多利之前，已有科学家进行了几十年的类似试验，但屡次的失败，曾使人们几乎绝望地认为，高级动物的体细胞克隆或许是不可能实现的，就在这时，多利奇迹般地出现了，这一爆炸性新闻的出现意味着：在理论上证明，分化了的动物细胞核也和植物细胞一样具有全能性，在分化过程中细胞核中的遗传物质没有不可逆变化；在实践上证明了，利用体细胞进行动物克隆的技术是可行的，将有无数相同的细胞可用来作为供体进行核移植，并且在与卵细胞相融合前可对这些供体细胞进行一系列复杂的遗传操作，从而为大规模复制动物优良品种和生产转基因动物提供了有效方法。

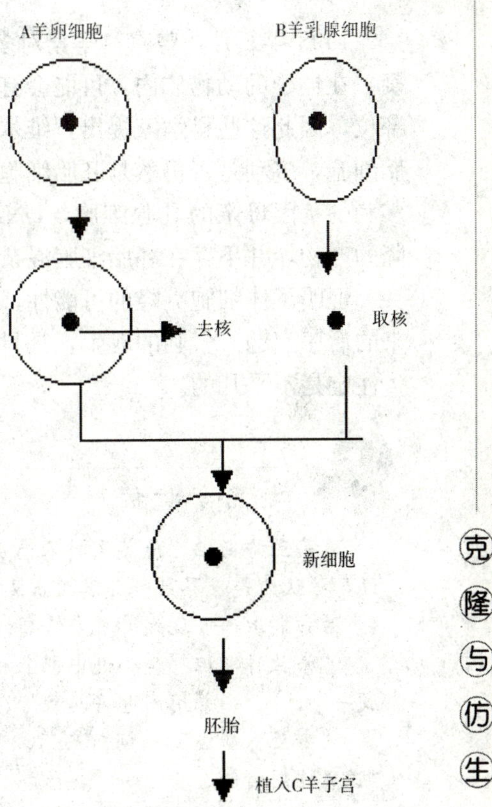

◆多利羊克隆流程图

一时间，公众欢呼、兴奋，同时也有人感到恐惧、茫然，因为多利的出现在理论上证明：利用同样的方法，人可以复制“克隆人”，这意味着以往科幻小说中的独裁狂人克隆自己的想法是完全可以实现的。因此，“多利”的诞生在世界各国科学界、政界乃至宗教界都引起了强烈反响，并引发了一场由克隆人所衍生的道德问题的讨论。一时间，弗兰肯斯坦、潘多拉的盒子和“科学是一把双刃剑”成为流行语汇，有人展望克隆优良家畜品种或大熊猫的美好前景，有人喊着克隆人或不许克隆人，有的科学家加紧克隆其他动物，还有科学家把他们培育的胚胎细胞克隆动物推出来分一点光芒，给局面平添了热闹与混乱。各国政府有关人士、民间纷纷作出反应：克隆人类有悖于伦理道德。尽管如此，克隆技术的巨大理论意义和实用价值，促使科学家们加快了研究的步伐，从而使动物克隆技术的研究与开发进入一个高潮。

## 再造另一个你自己

1998 年 2 月，曾有科学家对多利作为体细胞克隆动物的真实性提出质疑。在怀孕的动物体内，可能会有少量胚胎细胞沿血液循环系统到达乳腺部位，因此这些科学家提出，维尔穆特等人是否恰好碰到了一个这样的胚胎细胞，多利是否仍然是胚胎细胞克隆的结果。汉纳研究所还保存着一些多利的基因母亲的乳腺细胞，DNA 分析很快证明，多利的确是体细胞克隆的产物，并不存在胚胎细胞混杂的可能性。

证明了体细胞克隆的可能性，但并不能完全证明其安全性以及其所带来的后序问题。多利的诞生，是科学的飞跃，亦或是恐慌的开始，它的一生注定是不平凡的。

### 视野扩扩扩

《弗兰肯斯坦》是英国诗人雪莱的妻子玛丽·雪莱在 1818 年创作的小说，被认为是世界第一部真正意义上的科幻小说。《弗兰肯斯坦》的全名是《弗兰肯斯坦——现代普罗米修斯的故事》。

“弗兰肯斯坦”是小说中那个疯狂科学家的名字，他用许多碎尸块拼接成一个“人”，并用闪电将其激活。

“弗兰肯斯坦”一词后来用以指代“顽固的人”或“人形怪物”，以及“脱离控制的创造物”等。



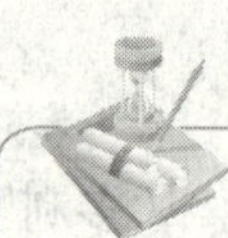

### 小博士

#### 潘多拉魔盒

潘多拉，希腊神话中火神赫淮斯托斯或宙斯用黏土做成的地上的第一个女人，作为对普罗米修斯盗火的惩罚而送给人类的第一个女人。根据神话，潘多拉出于好奇打开一个“魔盒，释放出人世间所有的邪恶——贪婪、虚无、诽谤、嫉妒、痛苦等等，当她再盖上盒子时，只剩下希望在里面。”

1. 多利的诞生给人们带来了哪方面的希望?
2. 为什么说多利的诞生是一把双刃剑?
3. 曾有科学家对多利提出了哪方面的质疑?
4. 潘多拉的魔盒暗指什么?

# 六年半的一生
# ——多利之死

◆多利和邦尼

“绵羊之星”多利不断给我们带来一个又一个惊喜。它先是与一只名叫戴维的威尔士山羊“喜结良缘”，后来于1998年4月产下它们的第一个“爱情结晶”邦尼，从而证明了克隆动物也能生育。1999年，多利一家又迎来了三个可爱的羊宝宝。那时，已经是4个孩子的母亲的多利显得富态而慈祥。可是，在看似一切进展顺利的时候，一个噩梦，正在悄悄地进行……

## 患上肺病的多利

罗斯林研究所自从“多利”出生，便变得异常受关注。大家都希望能从罗斯林那里得到关于“绵羊之星”的第一手消息。在2003年2月7日左右，罗斯林研究所却发出了令人担忧的消息：多利已经开始不停地咳嗽。一个星期后经兽医诊断，多利患有严重的进行性肺病。所谓“进行性”疾病，是指患者病情不断发展恶化，生命危在旦夕。鉴于这种情况，研究所决定为多利实施“安乐死”，他们实在不忍眼睁睁地看着多利郁郁而终，希望这只曾经享受过生命的快乐、并且为全世界带来过无数惊喜的可爱的小绵羊平静安详地离开人世。一般说来，一只绵羊平均可以活11～12年，而多利今年只有6岁，寿命仅相当于普通羊的一半。

克隆羊多利死了！培育出这只世界上第一例体细胞克隆动物的苏格兰

罗斯林研究所于 2 月 14 日向外界宣布了这一令人心痛的消息。

多利的悲剧再次引发了有关克隆技术的争议。

关于多利的死，科学界流传“克隆动物早衰”的说法。英国《新科学》杂志指出，克隆动物比普通动物体内缺少一种叫作调聚物的蛋白质。这种蛋白质能够保护细胞内的染色体，控制细胞衰老的进度，好比一座“生物钟”。2002 年 2 月，日本研究人员也指出，克隆鼠的寿命比普通老鼠短。但是，美国先进细胞科技公司发表了驳斥上述观点的研究报告。他们在对 24 只克隆牛经过全面系统的体格检查后，发现所有指标均正常，没有缺少调聚物的迹象。然而，2003 年 2 月 2 日，澳大利亚第一只克隆羊在活了短短 2 年零 10 个月后突然死亡，其死因至今还是个谜。

◆《新科学》杂志封面

◆澳大利亚克隆羊

**视野扩扩扩**

关于澳大利亚第一只克隆羊“玛蒂尔达”，研究人员声称在其生前进行检查时，“玛蒂尔达”还显得“非常健康”，因此对于其死亡，可以说是没有任何预兆。“玛蒂尔达”死后，由一个独立的验尸团对它进行解剖，但并未发现造成其死亡的真正原因。“玛蒂尔达”的死亡对研究单位克隆的科学家来说是一个沉重的打击。

# 是早衰还是“被传染”?

◆患病时期的多利

多利出生后的年龄检测表明其出生的时候就上了年纪。她 6 岁的时候就得了一般老年时才得的关节炎。这样的衰老被认为是端粒的磨损造成的。端粒是位于染色体末端的 DNA 结构。随着细胞分裂，端粒在复制过程中不断磨损，这通常认为是衰老的一个原因。然而，研究人员在克隆成功牛后却发现，它们实际上更年轻。分析它们的端粒表明，它们不仅是回到了出生的长度，而且比一般出生时候的端粒更长。这意味着它们可以比一般的牛有更长的寿命，但是由于过度生长，它们中的很多都过早夭折了。研究人员相信相关的研究最终可以用来改变人类的寿命。

那么多利是否是早衰的牺牲品呢？罗斯林研究所曾于 1999 年发表过一份关于多利体细胞出现“未老先衰”迹象的报告。而多利的“父亲”、当年克隆小组组长伊恩·维尔穆特博士则坚持认为克隆技术不是罪魁祸首，“多利很可能是被传染上肺病的，它的‘舍友’已经被查出患有某种呼吸系统疾病，这就是最有力的证据，但这一解释目前还不能完全肯定。”

而无论如何，多利是人类首次利用成年动物体细胞克隆成功的第一个生命。它的到来始终是具有跨时代意义的。

拓展思考

1. 人们普遍认为多利的死因是?
2. 克隆动物早衰是指?
3. 澳大利亚第一只克隆羊的名字是?
4. 什么是端粒?

# 寿命的枷锁
# ——染色体端粒

还记得《西游记》里的唐僧肉吗？诸妖家想尽一切办法阻碍唐僧西天取经，并不只是为了能够亲口品尝一下鲜美的唐僧肉，而是为了能够长生不死，人是否真的可以长生不死？我们的寿命是由谁主宰的呢？

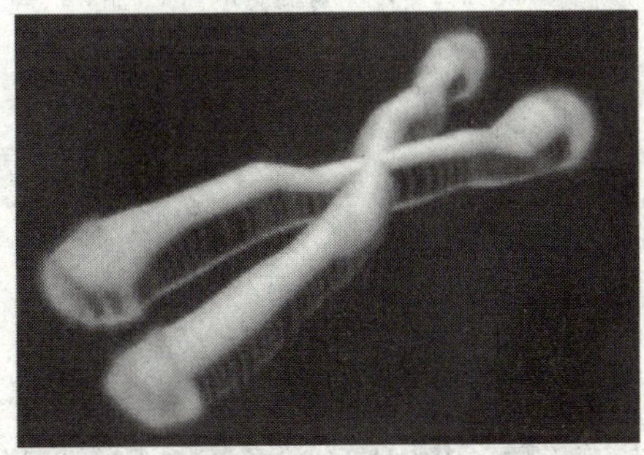

◆端粒

## 端粒先生

我们人类始终怀揣着这样一个梦想，那就是让生命延续。我们与各种疾病进行着浴血奋战，为的就是能够有一个健康的体魄，有一个年轻活力的思想和灵魂。那么，是什么阻碍了我们的步伐？首先，让我们先来认识一下寿命的掌门人——端粒先生。

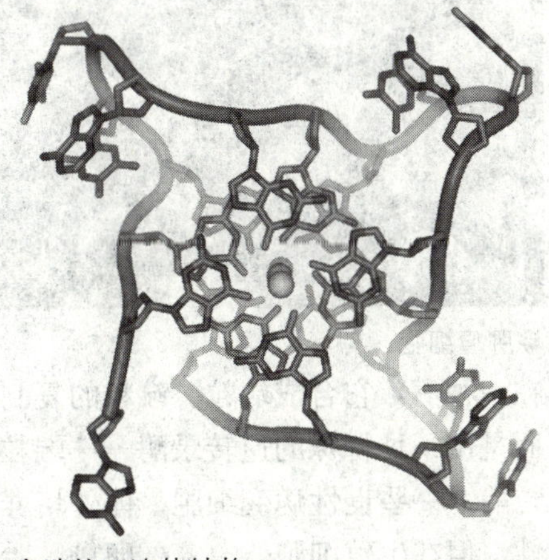

◆端粒四连体结构

端粒是染色体末端的 DNA 重复序列。端粒本身没有任何密码功能，它就像一顶高帽子置于染色体头上。在新细胞中，细胞每分裂一次，染色体顶端的端粒就缩短一次，当端粒不能再缩短时，细胞就无法继续分裂了。这时候细胞也就到了普遍认为的分裂 100 次的极限并开始死亡。因此，

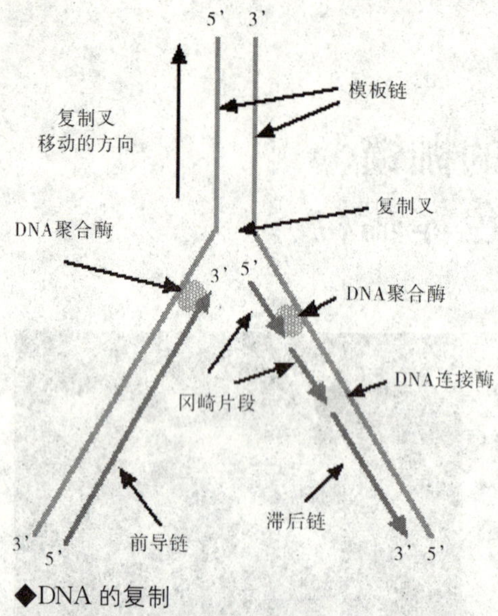


◆DNA 的复制

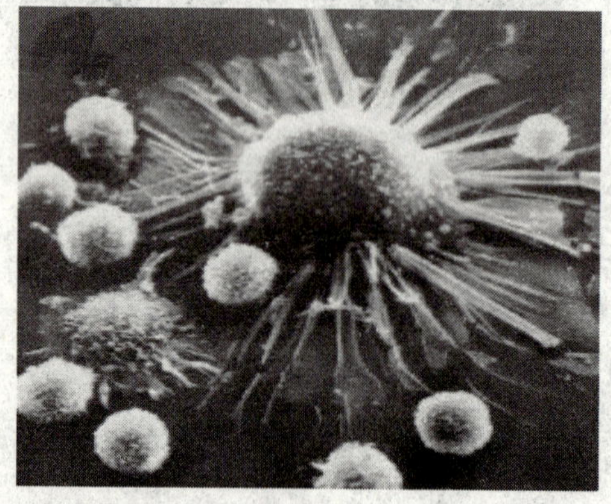

◆肿瘤细胞

端粒被科学家们视为“生命时钟”。

早在 20 世纪 30 年代，缪勒和麦克林托克等就已发现了端粒结构的存在。1978 年，四膜虫的端粒结构首先被测定。1990 年起，凯文．哈里就把端粒与人体衰老挂上了钩：

第一，细胞愈老，其端粒长度愈短；细胞愈年轻，端粒愈长，端粒与细胞老化有关系。衰老细胞中的一些端粒丢失了大部分端粒重复序列。当细胞端粒的功能受损时，就出现衰老，而当端粒缩短至关键长度后，衰老加速，临近死亡。

第二，正常细胞端粒较短。细胞分裂会使端粒变短，分裂一次，缩短一点，就像磨损铁杆一样，如果磨损得只剩下一个残根时，细胞就接近衰老。细胞分裂一次其端粒的 DNA 丢失约 30～200 碱基对。

第三，研究发现，细胞中存在一种酶，它合成端粒。端粒的复制不能由经典的 DNA 聚合酶催化进行，而是由一种特殊的逆转录酶——端粒酶完成。正常人体细胞中检测不到端粒酶。一些良性病变细胞、体外培养的成纤维细胞中，也测不到端粒酶活性。但在生殖细胞、睾丸、卵巢、胎盘及胎儿细胞中此酶为阳性。令人注目的发现是，恶性肿瘤细胞具有高活性的端粒酶。

其他与寿命有关的基因也在被不断地发现，它们的工作原理与端粒相似。

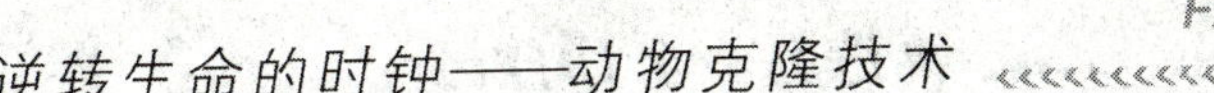

你知道吗？

**端粒是怎样控制人的寿命的？**

我们知道DNA的复制首先需要一段引物与模板链结合，后由DNA聚合酶引导合成子链。那么这段引物部分的模板就不能被复制，每次重复这样的操作，DNA就会越来越短，当短到一定程度时，就会引起细胞死亡。

## 2009年诺贝尔奖生理学或医学奖得主

三位美国科学家即美国加利福尼亚旧金山大学的伊丽莎白·布莱克本、美国巴尔的摩约翰·霍普金斯医学院的卡罗尔·格雷德、美国哈佛医学院的杰克·绍斯塔克凭借“发现端粒和端粒酶是如何保护染色体的”这一成果，揭开了人类衰老和罹患癌症等严重疾病的奥秘而获得2009年的诺贝尔生理学或医学奖。

三人将分享1000万瑞典克朗（约合140万美元）的奖金。

◆伊丽莎白·布莱克本

女性科学家，生于1948年。拥有英国和澳大利亚双重国籍，是美国加利福尼亚大学的生物学和生理学教授。

◆卡罗尔·格雷德

女性科学家，生于1961年。美国约翰·霍普金斯大学医学院的分子生物学和遗传学教授。

◆杰克·绍斯塔克

男性科学家，生于1952年。自1979年起曾在哈佛大学医学院任教。目前是波士顿市的马萨诸塞州总医院遗传学教授。

克隆与仿生

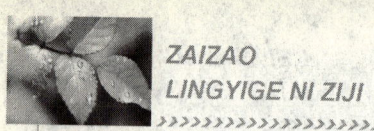

1. 什么是端粒？
2. 端粒的作用机理？
3. 什么是肿瘤细胞？
4. DNA 复制中时引物的本质是？

# 开启枷锁的钥匙——染色体端粒酶

在上节中我们了解到染色体端粒是限制寿命的主要枷锁，而端粒酶正是打开此枷锁的钥匙，它的重要性可想而知。然而，是否了解了端粒酶，我们就离长生不老更近了一步呢？这个问题，本章节将给大家一一解释……

## 克隆动物注定早衰？

1999 年 5 月，罗斯林研究所和 PPL 公司宣布，多利的染色体端粒比同年龄的绵羊要短，引起了人们对克隆动物是否会早衰的担忧。端粒以及修补它的端粒酶，是近年来衰老和癌症研究中的一个热点。许多科学家认为，端粒在动物的衰老过程中可能起着重要作用。一些人担心，克隆动物的端粒较短，是一个不可避免的根本问题。另一些人认为，多利的端粒较短可能是克隆过程的技术问题所致，这不一定是体细胞克隆中的普遍现象，有望随着技术的进步而消除。譬如美国科学家用克隆鼠培育克隆鼠，一共培育了 6 代（最后一代惟一的一只克隆鼠被别的实验鼠吃掉，实验被迫中止），并没有发现端粒一代一代缩短的现象。由于克隆动物数量不多，而且普遍比较年轻，因此还难以判断哪一种说法正确。端粒与衰老之间的关系究竟是什么、端粒较短是否一定导致早衰，也

◆克隆动物真的都会早衰吗？

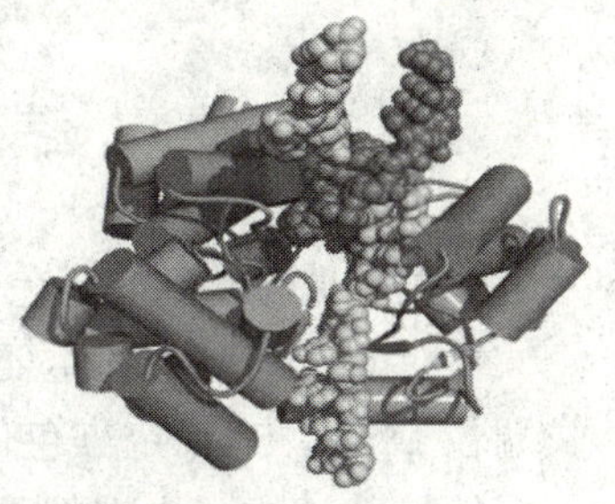
◆端粒酶结构示意图

是尚未确定的事情，这使得问题更加复杂。

在这里，我们先来了解一下端粒酶到底是何方神圣。

## 端粒酶

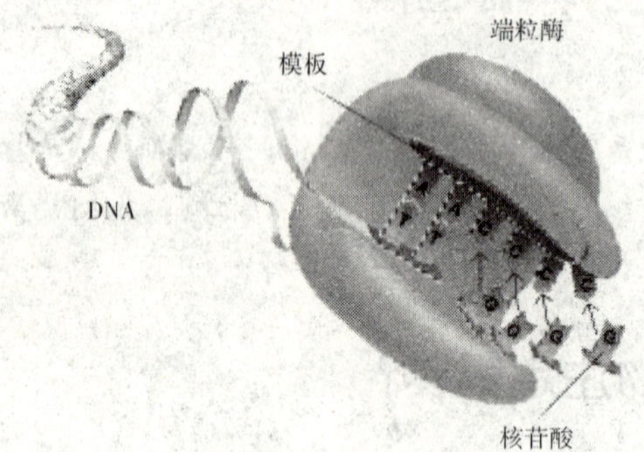

◆端粒酶

端粒酶，是基本的核蛋白逆转录酶，可将端粒DNA加至真核细胞染色体末端。端粒在不同物种细胞中对保持染色体稳定性和细胞活性有重要作用，端粒酶能延长缩短的端粒（缩短的端粒其细胞复制能力受限），从而增强体外细胞的增殖能力。端粒酶在正常人体组织中的活性被抑制，只有在造血细胞、干细胞和生殖细胞这些必须不断分裂克隆的细胞之中，才可以探测到其活性。端粒酶这种世代交替的轮回即是造物者对生命设计的巧思；在肿瘤中也能被重新激活，即可能参与恶性转化。端粒酶在保持端粒稳定、基因组完整、细胞长期的活性和潜在的继续增殖能力等方面有重要作用。细胞中有种酵素负责端粒的延长，其名为端粒酶。端粒酶的存在，算是把DNA克隆机制的缺陷填补起来，即可把端粒修复延长，可以让端粒不会因细胞分裂而有所损耗，使得细胞分裂克隆的次数增加。

## 端粒酶的作用机理

端粒—端粒酶到底是怎样行使功能呢？

端粒酶在细胞中的主要生物学功能是通过其逆转录酶活性复制和延长端粒DNA，来稳定染色体端粒DNA的长度。端粒是真核细胞染色体末端的特殊结构。人端粒是由6个碱基重复序列（TTAGGG）和结合蛋白组成。端粒有重要的生物学功能，可稳定染色体的功能，防止染色体

DNA降解、末端融合，保护染色体结构基因DNA，调节正常细胞生长。正常细胞由于线性DNA复制5′末端消失，随着体细胞不断增殖，端粒逐渐缩短，当细胞端粒缩至一定程度时，细胞停止分裂，处于静止状态。故有人称端粒为正常细胞的“分裂钟”，端粒长短和稳定性决定了细胞寿命，并与细胞衰老和癌变密切相关。端粒酶是使端粒延伸的反转录DNA合成酶，是由RNA和蛋白质组成的核糖核酸—蛋白复合物。其RNA组分为模板，蛋白组分具有催化活性，以端粒3′末端为引物，合成端粒重复序列。端粒酶的活性在真核细胞中可检测到，其功能是合成染色体末端的端粒，使因每次细胞分裂而逐渐缩短的端粒长度得以补偿，进而稳定端粒长度。主要特征是用它自身携带的RNA作模板，通过逆转录合成DNA。

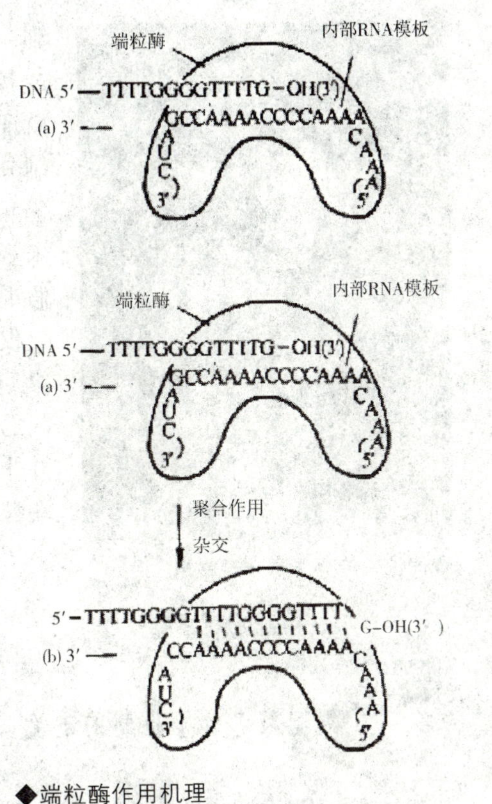


◆端粒酶作用机理

## 长生不老还有多远?

解决端粒酶问题人就可以长生吗?

首先要明确的问题就是，人为什么会死亡。只有对这个过程的机制了解得足够透彻，做到永生并非不可能。关于人衰老和死亡的机制有几种，比如体内自由基清除与生成机制失衡，导致有害自由基日积月累，并进而破坏细胞器，线粒体已被证实参与了这一过程。

端粒—端粒酶假说认为，由于正常人细胞没有端粒酶，无法修复DNA复制所造成的DNA缩短的问题，因此随着细胞复制次数的增多，DNA短

◆传说中的养生家——彭祖

到一定程度，可能就触发了死亡机制，或者死亡是一个渐近的过程，如 1998 年就证明了二倍体叙利亚仓树胚细胞在复制分裂的各阶段始终表达端粒酶，但是仍然衰老。而剔除端粒酶基因的小鼠尚未观测到相应的表型的变化。所以端粒假说并不能完全解决问题。而且端粒酶仅仅能解决复制长度的问题，并不能解决 DNA 复制时的变异问题，当然这有专门的机构来负责。可是这也说明，长生并非如想像中那么简单，不单单是一个端粒酶就能解决的。



## 细胞衰老分子机制的主流假说

细胞衰老的机制有很多假说，主流假说主要有以下 7 种：

(1) 氧化性损伤。来自自由基的积累。

(2) RDNA。染色体复制时可能出现错配膨起染色体外 RDNA 环，叫 ERC。它的积累导致细胞衰老，并伴随核仁的裂解。

(3) 沉默信息调节蛋白复合物。它可以阻止它所在位点的 DNA 转录。

(4) SGS1 基因和 WRN 基因。这是两个同源的基因，对于保证细胞正常生命周期是必须的，但是容易突变导致早老症。

(5) 发育程序。

(6) 线粒体 DNA。随着时间的推移，线粒体 DNA 的突变是相当显著的。

(7) 端粒—端粒酶假说。

1. 所有的克隆动物都会早衰吗?
2. 什么是端粒酶?
3. 端粒酶的作用机理是什么?
4. 细胞衰老的分子机制假说都有哪些?

# 火奴鲁鲁技术
# ——克隆鼠技术

多利的诞生轰动一时，许多科学家产生了疑问，是不是所有的成年动物都是可以克隆的？采用不同的方法会产生怎样不同的效果？火奴鲁鲁技术就是在这种情况下诞生的。那么，什么是火奴鲁鲁技术呢？它是针对什么动物实施的克隆？它又是怎样进行的？今天就让我们一起去了解一下“神秘”的火奴鲁鲁吧。

◆克隆鼠

## 克隆鼠时代

◆克隆鼠时代

在克隆羊之后，实验室开始对传统模式动物——小鼠的克隆实验。传统克隆的基本过程是先将含有遗传物质的供体细胞的核移植到去除了细胞核的卵细胞中，利用微电流刺激等使两者融合为一体，然后促使这一新细胞分裂繁殖发育成胚胎，当胚胎发育到一定程度后，再被植入到动物子宫中使动物怀孕，可产下与提供细胞者基因相同的动物。成功培育三代克隆鼠的“火奴鲁鲁技术”与克隆多利羊技术的主要区别，在于克隆过程中的遗传物质不经过培养液的培养，而是直接用物理方法注入卵细胞。在这一过程中采用化学刺激法代替电刺激法，来重新对卵细胞进行控制。

氯化锶是利用什么机理促进细胞融合?

“火奴鲁鲁技术”研究过程主要是首先提取出棕鼠卵丘细胞的细胞核，然后将其注入黑鼠的去核卵细胞，经过处理后的卵细胞再植入白鼠子宫，最终产下棕色克隆鼠。但科学家们在细胞核移植过程中对以下两个关键环节进行了大的改进：一是卵丘细胞核提取出之后，不经过培养液的培养，而直接通过微量注射、利用特殊的吸移管注入去核鼠卵细胞。利用超细的吸移管，研究人员不是像克隆“多利”中那样将整个细胞核、而是仅选择其中的基因注入去核卵细胞。这使得克隆操作更为直接，同时速度更快、效率更高。据介绍，利用这一方法，研究人员每天能对数百个鼠卵细胞进行操作。

与克隆多利采用电刺激促进细胞融合和分裂有所不同，“火奴鲁鲁技术”采用了化学物质氯化锶来对处理后的卵细胞进行刺激。吸移管注入和化学方法刺激使得去核鼠卵细胞与卵丘细胞核所受到“损伤”更小。由于在这一过程中混入去核鼠卵细胞中的卵丘细胞质减少到最低程度，从而尽可能地避免了因为卵丘细胞质“感染”而影响卵细胞发育的情况。

“火奴鲁鲁技术”的另一关键是，鼠卵丘细胞核注入去核鼠卵细胞后，不是像克隆“多利”过程中那样马上对处理后的卵细胞进行刺激，而是中间经过1~6小时左右的“延时”。这样做的好处是能够进一步促进处理后卵细胞的分裂和发育，提高卵细胞发育成胚胎细胞的成功率。科学家们指出，该技术如果能够用来克隆猪、马等体积更大的哺乳动物，将可以更加高效地培育出抗病的“超级家畜”。另外，该技术在克隆濒危动物上也有潜在用途。

**视野扩扩扩**

何谓火奴鲁鲁技术　火奴鲁鲁（檀香山）是美国夏威夷的地名，不久前国际科研小组在这里成功培育出3代共50多只克隆鼠，因此这一技术简称为“火奴鲁鲁技术”。

# 克隆鼠小小

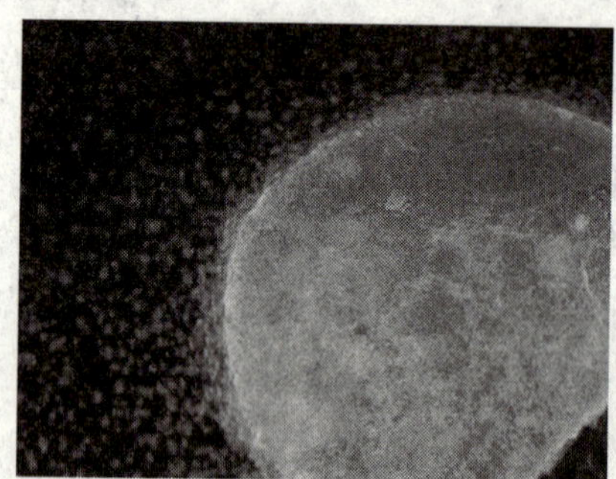
◆IPS 细胞

国际上的干细胞研究分为三类：胚胎干细胞研究、克隆干细胞研究、以及近两年兴起的 iPS（即将普通的人体皮肤细胞转化成也具有发育成完整个体能力的细胞，这就是 iPS 细胞，全称诱导多功能干细胞）研究。胚胎干细胞有人认为其胚胎本来已经可能形成一个完整的个体，如果用于实验则触犯到伦理问题，克隆干细胞需要卵细胞提供细胞质，但由于卵细胞来源少的问题，限制了其研究应用。而培育 iPS 细胞操作起来相对容易，皮肤细胞等体细胞就可以作为其来源，这也避免了伦理争议。鉴于上述优势，iPS 细胞作为一种新型全能干细胞而被广泛看好。



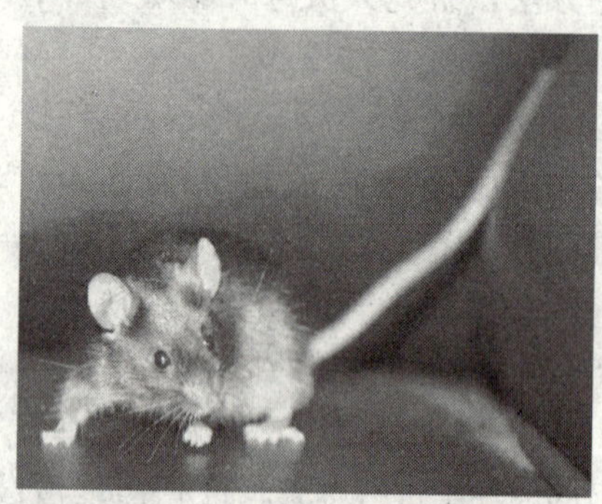
◆小小

中国科学家在世界上首次利用 iPS 细胞成功克隆出活体小鼠，其中被命名为“小小”的实验鼠一时间成了明星。世界首只克隆羊“多利”的娘家——英国罗斯林研究所的专家怀特洛也说道：“‘小小’接过了‘多利’点燃的火炬。”

◆“小小”

怀特洛认为，iPS 细胞是一场革命，而“小小”宣布了这场革命的胜利。这是因为“小小”的诞生证明了 iPS 细胞确实具有多功能性。包括人在内的动物胚胎之所以能长大成完整的生物体，是因为胚胎干细胞具有发育成各种器官细胞的能力。

此后，科学家相继利用iPS细胞培育出心脏细胞、血液细胞、角膜细胞、神经细胞等。尽管全世界的研究人员都在努力，此前却一直没有人能利用诱导多功能干细胞（iPS）细胞成功克隆出一个完整的活体哺乳动物。怀特洛说："大多数研究都是小步进展，而'小小'是一次飞跃。"

当年震惊世界的"多利"，是罗斯林研究所的科学家将绵羊体细胞的细胞核取出，植入去核的卵细胞中而得到，从而证明哺乳动物也可通过无性生殖手段，也就是基于细胞核移植的克隆技术来繁衍。

## 克隆小鼠与医学

克隆小鼠的诞生，并不意味着iPS细胞自此可以大规模应用于医疗，因为对iPS细胞研究来说，用其克隆出动物还不够，克隆动物的下一代能健康么？再下一代呢？这些都需要继续研究。我们还有很多事要做，现在应用的是第一代iPS细胞技术，培育它需要利用病毒作为载体来导入基因，因此还有不小的风险。不过在首批iPS细胞克隆鼠中，所有用来配对的12只实验鼠都成功生产出后代，并且这些第二代没有畸形现象。它们生育了数百只第二代实验鼠，并已有超过100只第三代实验鼠。由于iPS细胞中用的转录因子要在后几代实验鼠身上才能完全表达出来，因此下一步工作就是进一步观察这些后代的健康情况，从而对iPS细胞技术进行更具体的安全性评价。

◆可爱的克隆小鼠

iPS细胞技术是否可行，主要看它的有效性和安全性。现在他们初步证明这一技术是有效的，但安全性方面需要继续研究，以确保万无一失。我相信，iPS

细胞研究未来的趋势是，越来越安全，越来越有效率。

“将来我们将力主研究用小分子或药物蛋白为载体来导入基因，培育更安全的 iPS 细胞。” iPS 细胞研究未来趋势是越来越安全和有效率。

1. 什么是火奴鲁鲁技术？
2. 克隆鼠小小技术是指什么？
3. IPS 细胞是指什么？
4. 克隆小鼠能否大量应用于医学？

# 与世界接轨
# ——中国的动物克隆史

无论是潘多拉的魔盒，还是通往健康之路的捷径，多利的诞生无疑给大家指明了一条科研新道路，我们的科学家当然不会止步不前，在大家讨论激烈的同时，他们已经开始了进一步的科学摸索……

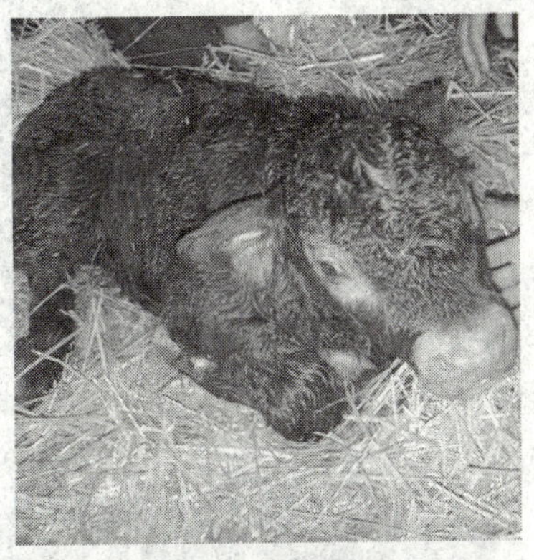

◆中国农科院畜牧所克隆一头公牛

## 中国动物克隆纪年表

1965 年，生物学家童第周对鲤鱼、鲫鱼进行细胞核移植。

1990 年，西北农业大学畜牧所克隆一只山羊。

1992 年，江苏农科院克隆一只兔子，中科院克隆了一只青蛙。（实验失败）

1993 年，中科院发育生物学研究所与扬州大学农学院携手合作，克隆一只山羊。

1995 年，华南师范大学与广西农业大学合作克隆一头奶牛和黄牛的杂种牛，西北农业大学畜牧所克隆 6 头猪。

1996 年，湖南医科大学人类生殖工程研究所克隆 6 只老鼠，中国农科院畜牧所克隆一头公牛。

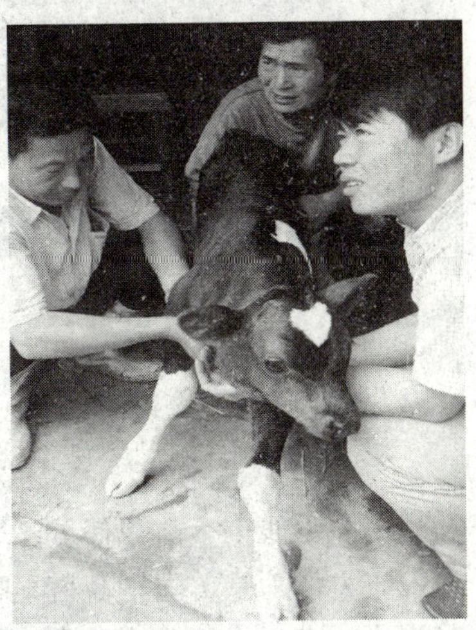

◆我国首只转基因克隆奶牛

◆阳阳

1999年，①中国科学家周琪在法国获得卵丘细胞克隆小鼠，在国际上首次验证了小鼠成年体细胞克隆工作的可重复性，于2000年5月用胚胎干细胞克隆出小鼠“哈尔滨”，并于2000年10月获得第一只不采用“多利羊”专利技术的克隆牛。②中国科学院动物研究所研究员陈大元领导的小组将大熊猫的体细胞植入去核后的兔卵细胞中，成功地培育出了大熊猫的早期胚胎。

1999～2000年，扬州大学与中科院发育所合作，用携带外源基因的体细胞克隆出转基因的山羊。

◆克隆牛

2000年，中国生物胚胎专家张涌在西北农林科技大学种羊场接生了一只雌性体细胞克隆山羊“阳阳”。“阳阳”经自然受孕产下一对混血儿女，“阳阳”的生产可以证明体细胞克隆山羊和胚胎克隆山羊具有与普通山羊一样的生育繁殖能。

2002年，我国首批成年体细胞克隆牛群体诞生。



## 杨向中教授与克隆牛

杨向中博士生前曾任美国康涅狄克大学动物科学系教授、再生生物技术中心主任，是美国华裔科学家。他所领导的研究中心自打用牛耳细胞克隆牛成功以来，便受到世界同行的关注。

自1997年多利羊克隆成功后，陆续有鼠、牛、羊和猪等多个物种被克隆成功，但令科学家感到困惑的是，克隆技术效率仍然很低。一个广泛介绍的假说是体细胞的 DNA 没有被完全重新编码回到胚胎状况（即体细胞的全能性没有完全表现出来，不能像胚胎细胞一样重新完全地分化），因而造成这一系列的问题。

◆杨向中教授

杨向中和他的研究小组的研究成果向该假说提出了挑战，他们在研究中比较了不同的牛胚胎的基因表达状况，包括克隆胚胎、人工受精胚胎和试管胚胎。研究表明，在 7 天龄的胚胎中，克隆胚胎的基因表达已经和供体细胞有巨大差别，而与人工受精生产的胚胎非常相似。这说明克隆动物出现的问题很可能是在后期胚胎发育过程中出现的，而不是过去普遍认为的早期胚胎重新编码问题。



## 周琪教授与克隆大鼠

◆周琪教授

周琪教授是中科院动物研究所生殖生物学国家重点实验室副主任，中科院“百人计划”入选者。30 多岁的他受到干细胞研究和克隆技术的领军人物、韩国汉城大学教授黄禹锡教授的高度评价，称之为世界上最早完成老鼠克隆的科学家。在 2004 年的第 5 届国际转基因科技大会上，因在世界上首次成功克隆大鼠而荣获第三届吉诺韦（Genoway）转基因科技奖。是该领域最重要的国际奖项，专门用于奖励在转基因研究领域作出杰出贡献的科学家。周琪的这项研究之所以受到重视，是因为大鼠是人类疾病的动物模型。克隆大鼠的成功将在动物发育机理、动物克隆技术的改进和完善等方面发挥重要的作用，并将有助于研究癌症、糖尿病和高血压等人类慢性疾病。

周琪毕业于东北农业大学，在中国动物克隆研究的圣地——中国科学

◆克隆鼠

院发育生物学研究所度过两年博士后生涯之后，周琪选择了到法国农业研究中心（INRA）分子发育生物学部继续他的工作。1999 年 7 月，在法国农业研究中心（INRA）分子发育生物学部，第一只体细胞克隆小鼠出生，就是后来被多利羊之父维尔穆特博士誉为“该领域迄今为止最重要的成果之一”的工作。

2000 年，30 岁的周琪领军的中法科学家合作的第一只“胚胎干细胞克隆小鼠”出生了，他给克隆小鼠取名为“哈尔滨”。同年 11 月，由周琪与法国科学家共同培育的克隆小牛“周让娜”顺利降生。它是世界上第一头没有采用“多利羊技术”，而是采用周琪的注射移核技术生产的体细胞克隆牛，这一成果解决了克隆技术产业化过程中可能遇到的专利限制。

2002 年，周琪领军的中法科学家发明了能够精确控制大鼠卵细胞自发活化的专利技术，利用药物控制的方法，将大鼠卵子细胞的发育过程人为变慢，在世界上首次获得了克隆大鼠。这项成果发表在 2003 年 9 月 25 日出版的世界权威杂志《科学》上。

## 想一想——在科研上大鼠小鼠有何不同?

大鼠在很多方面比小鼠更接近于人类，是过去一个世纪中首选的啮齿类实验动物，一直被广泛地用于生物医学研究。但在 20 世纪 80 年代，由于小鼠胚胎干细胞技术的成熟，人类几乎可以随心所欲地用“基因去除”技术改变小鼠干细胞的基因，并获得研究用克隆小鼠，使得小鼠逐渐取代了大鼠在医学实验动物中的地位，成为最为常用的研究人类疾病的动物样本。

◆克隆鼠

目前25%的实验室动物是大鼠，它们是人类研究老年痴呆、动脉高血压病、以及诸如肥胖症和糖尿病等新陈代谢疾病的动物样本，所以从科学研究角度考虑，克隆大鼠的意义要高于克隆小鼠。克隆大鼠的成功将在动物发育机理、动物克隆技术的改进和完善等方面发挥重要作用，并将有助于研究癌症、糖尿病和高血压等人类慢性疾病。

拓展思考

1. 我国最先用于克隆技术的动物是什么？
2. 杨向中教授的研究提出了什么新观点？
3. “哈尔滨”是通过什么技术获得的？
4. 克隆小鼠与大鼠有什么区别？

# 强强联合
# ——克隆与转基因

转基因，在研究上来说是一个关键的科研手段，但是为什么转基因食品总让人谈“转”色变？克隆给我们带来的忧喜已经让人左右为难，如果两个矛盾体结合到一起，它们会擦出怎样的火花呢？

## 我辨，我辨，我辨辨辨



动物克隆

◆克隆和转基因有什么区别呢？

动物克隆，即动物的无性繁殖，是将供体细胞核移入去核的卵母细胞中，使后者不经精子穿透等有性过程即可被激活，分裂并发育成个体，使得核供体的基因得到完全复制。

目前，动物克隆技术的核心是核移植。将胚胎或体细胞的细胞核采用显微外科手术的方法移入去核的卵母细胞中，构建重组胚。通过体内或体外培养、胚胎移植，产生与供体细胞基因型相同后代的技术过程。它以转基因细胞为核供体，采用体细胞核移植技术产生转基因克隆动物，实现种质创新。

转基因

转基因，是指用人工分离和修饰过的外源基因导入生物体的基因组中，从而使生物体的遗传性状发生改变的技术，可分为转基因动物与转基因植物两大分支。在转基因技术中，必不可少的原件有媒介、质粒、引物、启动子、终止子。

◆转基因怪物

转基因

克隆和转基因虽然拥有本质的区别，但并不是说它们是水火不容的。相反，如果能将克隆技术和转基因技术结合起来的话，也许可以在短时间内就得到许多一模一样的拥有优良性状的转基因动物。也就是说，转基因动物将不再是单个生产，而是批量生产。这对于制药或器官移植等领域来说，是一个很有潜力的发展方向。

◆转基因克隆猪



## 转基因克隆技术的优势

将转基因与克隆技术相结合能够互相取长补短，弥补两者各自的缺陷：

1. 提高生产效率

显微注射技术生产转基因动物平均需要 51.4 个动物得到一个转基因后代，而得到一个转基因克隆后代只需 20.8 个母体。

2. 周期短，降低成本

通过核移植克隆，可以迅速产生大量同质的转基因克隆动物。转基因克隆技术在理论上只需一代时间，就可以产生一个完整的转基因克隆动物系，从而节约了时间和成本。由于植入代孕的母羊全是转基因胚胎，因而提高了生产效率，降低费用。

3. 可以控制后代性别

在以生物制药为目的的转基因克隆动物生产中，性别是至关重要的，例如需要用雌性生产乳汁，若第一代为雄性，则要等到女儿成熟后才能生产，至少两代。由于选择体细胞作为供体，可以预先决定性别，还可以用PCR对性别检测，所以，可以挑选性别合适的细胞作为核供体。

**视野扩扩扩**

为转基因克隆动物的建立提供高表达细胞核的方法，其特征在于：用脂质体转染法将载有激素基因片断的质粒转入小鼠胚成纤维细胞并首先获得转基因的核供体细胞系，其与具备分泌功能的人乳腺癌细胞相融合，融合细胞可分泌人生长激素，通过人生长激素的分泌量，选择可供核移植的高表达人生长激素的细胞克隆。



## 转基因克隆牛

◆转基因克隆牛

我国首例转基因克隆牛是利用高产奶牛皮肤成纤维细胞和屠宰母牛颗粒细胞作为细胞核供体，将其移入去除核物质的卵母细胞中，在体外培养到囊胚阶段移入受体母牛子宫，得到了三只体细胞克隆牛。在此基础上，项目组通过体外基因转染获得转基因的牛胎儿成纤维细胞，并通过上述核移植技术获得了一头转入胰岛素基因的转基因克隆牛，以期在转基因牛成年泌乳后从牛奶中获得治疗药物——人胰岛素。据悉，转基因体细胞克隆技术比单纯的体细胞克隆难度更大，中国只有少数几个实验室掌握此项技术。

现任中国工程院副院长的旭日干院士说，体细胞克隆技术特别是转基因体细胞克隆技术，是一项具有重要科学价值的生物技术，为畜牧业品种培育及改良和动物生物反应器的产业化奠定了基础，在畜牧业生产与医学领域的应用前景十分广阔，尤其在通过乳腺生物反应器生产贵重药物蛋白和治疗性克隆方面应用潜力巨大。

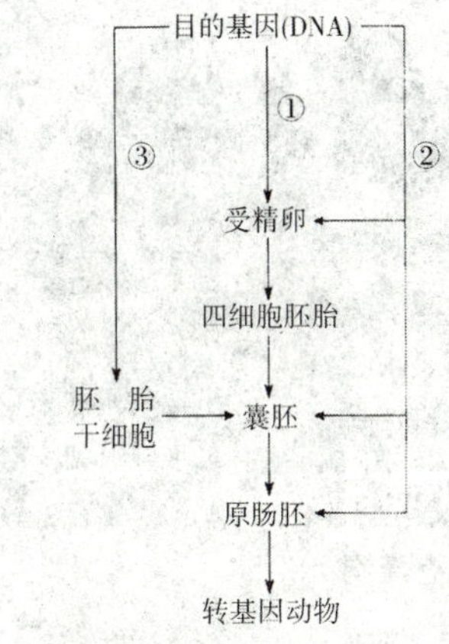


◆转基因动物的生产步骤



## 转基因克隆技术存在的问题与未来展望

转基因克隆技术虽然已得到初步应用，但目前还存在一系列问题制约了其生产规模，产品的研究与开发等方面也存在着一些问题需要解决。

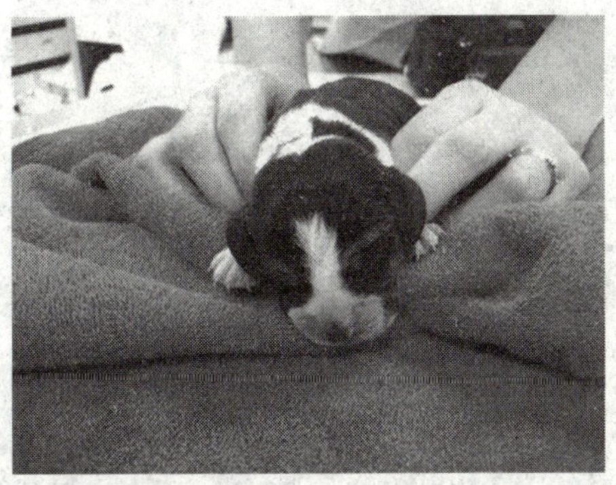

◆转基因克隆狗鲁皮

1. 成活率不是很高

转基因动物技术存在的主要问题是转基因动物成活率低，小鼠为2.6%，大鼠4.4%，兔1.5%，羊0.9%，猪0.7%，牛0.7%。转基因羊在提高生产性状的同时也留下一些后遗症，如死胎和畸形率较高，患关节病、胃溃疡等疾病较为普遍。

2. 加强基础理论研究，建立产业化基地

目前，我国尚缺乏具有自主知识产权的基因和调控元件，外源基因在受体动物染色体中的定位整合和在特定组织及发育阶段中表达目前仍然无法控制，从而使被转移的基因无法稳定地遗传。同时生产性状受多基因控

◆转基因克隆狗

制，目前还不能进行大批基因的转移。

3. 建立和完善高效、安全和工厂化转基因克隆动物生产技术，解决潜在产品安全问题

包括转基因动物的产物的分离和提纯，表达产物的结构和生物活性与人体蛋白的相似性问题，只有从表达产物中除去能引起人类变态反应的蛋白，并且产品与人体蛋白有足够的相似性，才能应用于人类的健康事业。

4. 急需建立安全评价体系，防止对生态环境造成污染



转基因克隆动物新品种和生物反应器的产业化涉及生物学、畜牧学、医学、分子遗传学和细胞遗传学等多学科门类的知识，需要加强学科研究人员之间的通力合作，同时要防止转基因羊及其产品对生态环境造成污染。

5. 展望

作为一项生物高新技术成果，转基因克隆动物技术体系只有20几年研究历史，它涉及到农牧业、生物医学和药物产业等诸多方面，是一项复杂的系统工程，在生命科学、临床医学、食品业、畜牧业生产和环境保护等重要领域都显示出了广阔的应用前景与重大的应用价值。尽管目前仍然存在许多问题，但随着世界上第一个利用转基因羊乳腺生物反应器生产的重组蛋白人用药物在欧洲获准上市，人们更加坚信转基因克隆动物必定为最终解决世界人口、粮食、环境、健康等影响21世纪人类生存的重大问题发挥出不可估量的作用，为人类带来更大的利益。

## 广角镜——鲁皮的诞生

首尔大学兽医学院李柄千教授组研制出全身含有红色荧光蛋白（RFP）的转基因克隆狗鲁皮。

首尔大学称，李柄千教授组从研究用小猎犬体内采集细胞，在细胞内植入红色荧光基因，而后将其注入去除细胞核的卵子，通过代孕着床过程成功制造出荧光克隆狗。此次诞生的克隆狗取名“鲁皮”。

李柄千教授组通过提取DNA的亲子鉴定，已确定“鲁皮”为克隆狗，并证实其全身带有红色荧光基因。

相关论文被刊登在国际学术杂志*Genesis*，此项技术已申请专利。

李柄千教授表示，该项研究证明可以制造出各种转基因狗，今后将制造出用于人类疾病研究的转基因狗，推动生物医学研究发展。

拓展思考

1. 转基因与克隆技术的区别？
2. 转基因动物的生产步骤？
3. 转基因克隆技术的优势？
4. 转基因克隆技术存在的问题？

# 科学与道德的较量
## ——关于克隆人的争论

克隆之所以给人们带来恐慌，很大一部分原因来自于对克隆人的恐惧。当人们把人作为物品来对待的时候，道德、尊严将会受到严峻的考验。克隆人出生后，我们需要给他怎样的定位？他将给人们带来什么样的后续故事？一切都是那么不可触及……



## 人类到底需不需要克隆人

◆人类与克隆人的战斗

1997 年 2 月，绵羊“多利”诞生的消息披露，立即引起全世界的关注，这头由英国生物学家通过克隆技术培育的克隆绵羊，意味着人类可以利用动物身上的一个体细胞，产生出与这个动物完全相同的生命体，打破了千古不变的自然规律。

自从克隆羊诞生以后，关于克隆人的争论就一直纷纷扰扰，在评论克隆人这个事件时，重要的是应该先弄清楚：人类到底需不需要克隆人？

克隆人赞同者的论据是，该技术能够帮助不孕者拥有自己的后代。

实际上，这个要求可以通过其他更安全更有效的途径来满足。因此可以断定，利用克隆技术进行传宗接代只是借口，克隆人实验背后隐藏着非科学的商业目的。

阿萨诺夫教授认为，眼下克隆人没有任何前景，也没有任何意义。值得指出的是，现在没有人能够预言克隆人会产生什么后果，因此现在进行克隆人实验是不道德的。

## 科学伦理辩辩辩

随着一系列克隆技术突破的完成，克隆人从技术上来讲已成为可能。有的科学家认为，从技术上说克隆人并不比克隆其他哺乳动物更困难。克隆人即将出世的消息也不断传来。意大利著名的“克隆狂”安蒂诺里曾宣布，克隆胎儿将于2003年1月问世。2003年第一期《发现》杂志也把2002年“命名”为“克隆年”，理由是克隆技术在当时已经进入了克隆人的阶段。该杂志断言：“虽然世界不想要克隆人，但克隆人却将要出现。”

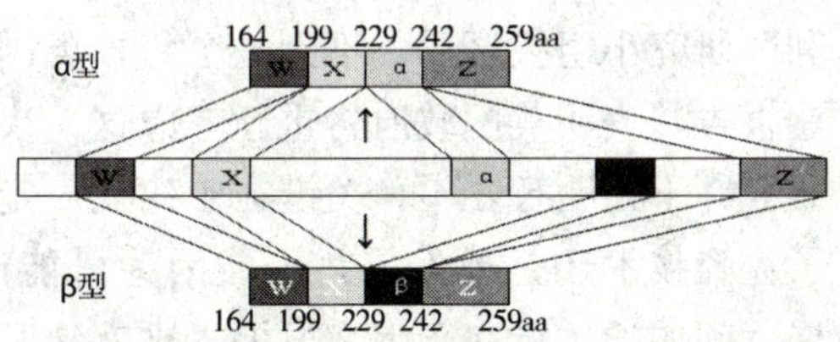

◆遗传物质重编

◆人类成纤细胞

但是，至今我们没有见到克隆人的问世，原因是克隆技术尽管出现了长足的进步，但仍然存在着一些目前尚没有解决的问题。在理论上，分化的体细胞克隆对遗传物质重编（细胞核内所有或大部分基因关闭，细胞重新恢复全能性的过程）的机理还不清楚；克隆动物是否会记住供体细胞的年龄，克隆动物的连续后代是否会累积突变基因，以及在克隆过程中胞质线粒体所起的遗传作用等问题还没有解决。在实践中，存在着低着床率、高流产率的问题，进行的胎儿成纤维细胞和胚胎细胞的克隆实验，成功率也分别只有1.7%和1.1%。此外，生出的许多个体表现出生理缺陷或畸形。以克隆牛为例，日本、法国等国培育的许多克隆牛在降生后两个月内死去。观察结果表明，部分牛犊胎盘功能不完善，其血液中含氧量及生长因子的浓度都低于正常水平；有些牛犊的胸腺、脾和淋巴腺未得到正常发育；克隆动物胎儿普遍存在比一般动物发育快的倾向，这些都可能是死亡的原因。

来自不同层面的许多声音要求禁止人类克隆。然而，几年来克隆技术的发展表明，世界各科技大国谁也没有终止克隆技术的研究。在这一点上，英国政府的态度非常具有代表性。在 1997 年 2 月底宣布中止对“多利”研究小组投资后，不到一个月，英国科技委员会就对克隆技术发表专题报告，表明英国政府将重新考虑这一决定，他们认为盲目禁止这方面的研究并不是明智之举，关键在于建立一定的规范让它为人类造福。这表明了克隆技术还是要发展，不能因为可能产生的伦理学问题而禁止它的发展，问题的关键在于怎么发展。这就涉及到技术发展规律和伦理学的开放性问题。



## 进化上的倒退

◆进化的倒退

基因的多样性是物种得以进化并适应环境的源泉所在，人类传统生育方式保证了不同基因组之间重新组合的可能性。通过基因组的重新组合和变异产生出新的基因类型，为人类的进化过程提供了丰富的材料，使人类得以在选择之下能够更加适应各种环境的要求。基因型的单一化在生物进化上是一种倒退，即使是被认为非常优秀的基因型，也很难适应所有的环境。如果基因组相同的克隆人大量出现，势必破坏了基因型的多样性，从而降低人类对多种环境的适应性。法国国家医学科学院在 1997 年通过的决议中就认为，克隆人与促进了人类进步的生物多样性法则格格不入。人类繁衍

你了解人类的进化史吗?

至今，还从来没有自己通过技术制造自己，那只是传说中的女娲和《圣经》中的上帝干过的事情。这样做产生的后果是什么？我们怎样去把握它？这些都需要伦理学做出积极的应对。

## 修理病变器官才是克隆的未来

科学界坚信，克隆技术的未来应该是在内科疗法中的应用上，即“内科疗法克隆”。不过，现存的问题是，该术语在表达上还极其不准确。

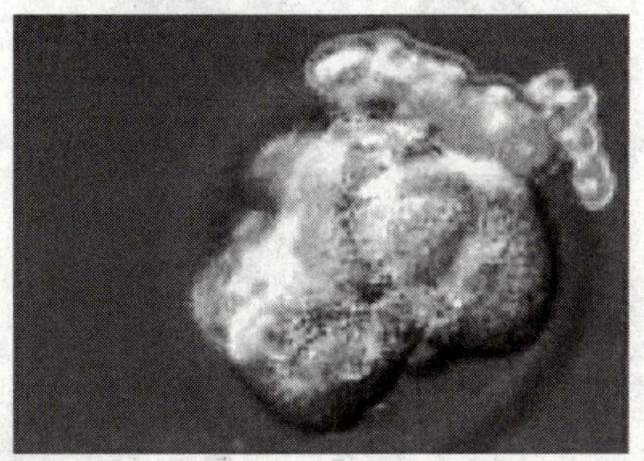
◆克隆细胞

从本质上讲，“内科疗法克隆”是建立移植细胞材料的方法，在意义上与现在所指的克隆没有共同之处，它是一种能够培养健康器官的细胞工艺技术，利用该技术可以部分或全部替换病变器官。

现在科学家刚刚触及到人体体内所发生的内部过程这个问题，只略知皮毛。科学家前不久解读了人类基因图谱，但还不能很好地应用所得到的知识来揭开人体奥秘。为此，科学家还要进行若干年的深入研究，才能完善并掌握克隆技术。

他们的例证为：著名的克隆羊多利是经过 300 次失败后才获得的。遗憾的是，多利并不是一只健康的小羊，它患有关节炎等疾病，而且出现早衰病征。另外，在其他所有克隆动物身上都发现了各种畸形发育。在这种情况下进行克隆人实验，至少是一种极不负责任的做法。克隆人的一生将是一场噩梦，到 30 岁时，他们将成为苍老之人。

## 什么东西可以克隆

蛙：1962 年，未成功。

鲤鱼：1963 年，中国科学家童第周通过将一只雄性鲤鱼 DNA 插入来自雌性鲤鱼的卵成功克隆了一只雌性鲤鱼，比多利羊的克隆早了 33 年。

◆克隆猕猴泰特拉

绵羊：1996年，名：多利。

猕猴：2000年1月，名：泰特拉，雌性。

猪：2000年3月，5只苏格兰PPL小猪；8月，名：赞纳，雌性。

牛：2001年，阿尔法和贝特拉，雄性。

猫：2001年底，复制猫，小名：CC，雌性。

小鼠：2002年

兔：2003年3～4月，分别在法国和朝鲜独立地实现。

骡：2003年5月，名：爱达荷之宝，雄性；6月，名：犹他先锋，雄性。

鹿：2003年，名：杜威。

马：2003年，名：普罗梅泰亚，雌性。

狗：2005年，韩国首尔大学实验队，名：鲁皮。

◆克隆马普罗梅泰亚

## 西安超人研究院院长与自己的高仿真机器人

下页图所示为西安超人研究院院长邹人倜（右）与他本人的机器克隆人（左）。图中机器克隆人的皮肤和血管全部是用高仿硅胶材料制作的，头发、胡子和汗毛也都是用真材实料栽种的，称得上是我国第一台“有血有肉”的机器人。这类机器人将逐步应用于博物馆讲解和展览馆的展出。“现在是录音后让它说出来，如若做讲解员将可以通过程序实现即时对话。”邹人倜说，这种仿真讲解员不但可以完成人类常规的20多个动作，也将同样具有和观众交流的互动功能。

这样的机器人要经过 81 道手工工序制作，一个没有任何动作的机器克隆人造价也在 10 万～15 万元之间。

“我希望以后有机器人可以帮我做饭、扫地、洗衣服。”看到机器克隆人的刘女士表示，走进老百姓家里才能让机器人更受宠爱。

◆邹人倜（上）及其机器克隆人（下）

在机器人展览会上，曾经有一家机构推出了最新研制的扫地机器人。半径 20 多厘米的盘式机器人，可以自动寻找地上的脏东西并吃到肚子里。“没电了，它还可以自己找电源充电。”技术人员说，只要打开开关，机器人就开始检测周围环境，设定工作路线。但目前这类机器人只在欧美市场上出售，一台的价格也要 800～900 美元。对于这一价位，大多数观众都表示用不起这么金贵的“扫把”。但是我们相信，随着技术的进步，家务机器人一定会走进千家万户的。

1. 人类到底需要克隆人吗？
2. 克隆技术应该被应用于哪些方面？
3. 什么是机器克隆人？

# 收服冲动之魔
# ——克隆技术的规范

所谓事极则反，无论做什么事情都要把握好“度”，不能做过了。关于克隆技术，我们也应该辩证地看待，将其有利的方面发挥到极致，抑制其有害的影响，以达到为人们服务的目的。

## 克隆的理性发展



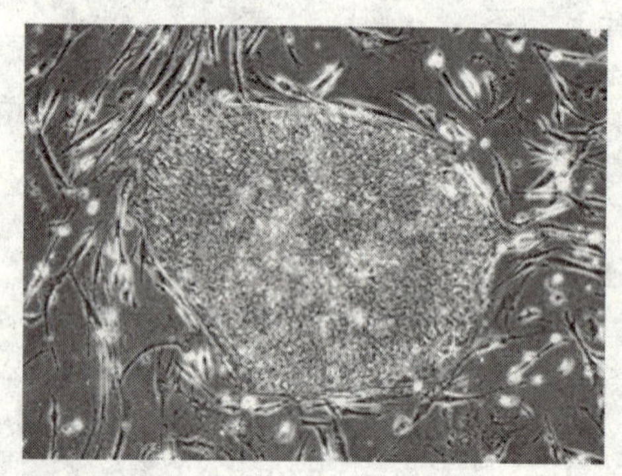
◆人类胚胎干细胞

每当克隆出现重大进展时，各种警告和反对声便不绝于耳。当美国先进细胞技术公司宣布通过克隆制造出了人类胚胎之后，批评言论又是不断。对于克隆技术研究，人们应该一分为二地看待这个问题，以促进克隆技术的安全使用和健康发展。

不妨先回顾一下先进细胞技术公司的成果：这家公司研究人员将人类体细胞的遗传物质与去除了遗传物质的人卵细胞空壳融合，然后诱导融合后的细胞发育：研究人员得到 3 个早期胚胎，其中两个发育到 4 细胞阶段，另一个至少发育到 6 细胞阶段。由于这证明人体单个细胞的遗传物质能被诱导发育成为幼胚胎，克隆人在技术上离现实可谓一步之遥。

争论由此而生。批评者说，因为它用一个单亲制造了人类的开端，这一进展在伦理道德上是危险的。反对者说，即使不为克隆人，为获取干细胞而破坏克隆胚胎的做法也是不道德的。但先进细胞技术公司的科学家称，他们的目标不是制造克隆人，而是为了开发人类疾病的治疗方法，其

工作是“正义的”。

科学家在动物身上的实验预示，克隆的人类胚胎干细胞将开启一个再生医学新时代。

## 国际规范

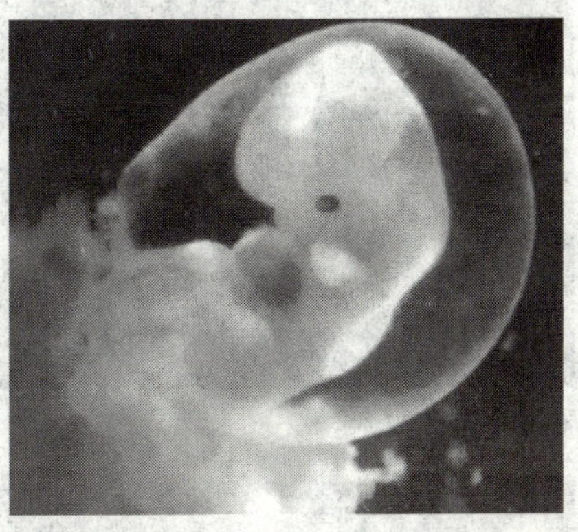

◆刚成形的婴儿

克隆人离我们只有一步之遥，如何让克隆技术不是给人们出难题，而是在人类可以控制的范围内最大限度地造福人类？北京大学干细胞研究中心首席科学家李凌松教授认为，目前公认的国际规范有三点，一是坚决反对克隆人，二是不能将人的精原细胞与动物杂交，三是对用于实验的胚胎干细胞来源要进行限制并作出具体规定。在我国相关规定和法律没有出台之前，我们的研究应该按照国际规范行事。

对一些国际规范模糊不清的‘灰色区域’，不同国家做法也不一样，比如信奉基督教的英国人规定，体外受精 14 天后的受精卵不得用于实验，而以色列则没有这样的规定，对这些‘灰色区域’，我们则应该根据自己的国情具体分析。

目前，虽然国际上普遍对克隆人即生殖性克隆持反对态度，但对治疗性克隆，也就是利用克隆技术获得人类干细胞以用于对病变组织和器官进行替代治疗，则基本认同。但专家认为，目前能用于临床的治疗性克隆技术尚处于细胞替代性治疗阶段，真正克隆出可用于移植的人类组织和器官，现在还为时尚早。

“干细胞和克隆研究需要相当的技术、先进的设备和良好的道德基础，”李教授说，“涉及这个领域的研究机构必须具备相当的实力和资质，否则很容易失控。”

什么是灰色区域？

# 客观对待克隆

◆科学的双刃剑

◆人们对这个世界充满好奇

科学技术是一把双刃剑，对人类既有有利的一面，也可能有不利的一面。克隆技术也是如此，它可能给人类带来巨大的利益，这构成了它向前发展的巨大动力；但它也可能给人类带来严重的后果，这是人们对其产生忧虑并限制其发展的原因。

为什么科学即使备受争议，却仍能得到不竭的发展动力？

首先，科学和技术一经产生，它的发展就具有了内在的动力和一定的规律，就不是我们可以通过强制而随意控制和消灭得了的。技术的发展本身有其内在的逻辑性，它具有在积累的前提下自我创新的能力，在一定规模上自我增长的能力，通过调整自身的状态和趋势适应环境的能力，自我扩大应用层面和范围的能力等。技术的运动是积极和开放的，即使人类介入并加以控制，其自身的规律和作用仍然存在。

其次，科学技术的创造和发明主体——科学家对未知的事情具有强烈的探索欲望。诺贝尔奖获得者、著名美籍华人、实验物理学家丁肇中教授在为南京航空航天大学作学术报告时说过一段话：“科学很大一个作用是满足人的好奇心，这是人和动物的最大区别”。出于好奇而进行研究是科学家的本性，甚至他们中有一部分人对克隆人有强烈的兴趣。政府不让搞，他们偷偷摸摸也要搞。这也是克隆技术不易控制的一个重要因素。

◆哈贝马斯

就目前的一些伦理学原则来讲，也并没有要求我们全面停止这项技术的研究。现代功利主义对待这些问题采用的是“冒险—获利”原则，它要求对研究和应用技术进行详尽的分析，作出综合性评价，估算研究或试验所带来的利益是否超过了可能受伤害的危险，冒险相对于利益及获得知识的重要性来说是否合理。获利大于伤害即是可行的。德国著名哲学家哈贝马斯提出了协商伦理学的原则，它通过社会各方的对话和反思，建立起相应的伦理道德原则，并使各方在其中实现自己的预期利益。在这里反复强调了对人的利益和需求的理解，提出以理性应对科学研究对人类带来的风险和分担社会责任的思想。协商伦理不再认为道德具有绝对的特性，它可以随社会环境而改变。“道德是为人创造的，而不是人为了道德”。由于和现行的伦理学不符而禁止克隆技术研究，与以上伦理学精神相悖。所以，与其要严格禁止克隆技术的发展，不如遵循因时而异的态度加以控制并引导其发展。

1. 什么是人类胚胎干细胞?
2. 公认的克隆国际规范是?
3. 为什么说克隆技术是一把双刃剑?

# 摘抄上帝的笔记

## ——仿生与仿生学

当你看到翱翔于云际的飞机时，你的第一反应是什么？当你看到畅游于海浪的船只时，你能联想到的又是什么？这些看似想当然却又那么不可思议的发明背后，有着怎样的故事呢？“阿波罗”的成功登月，阿姆斯特朗的一小步，迈出了人类航天科学的一大步。“神舟”的升空，“嫦娥”的奔月，是什么给了我们抗拒地心引力的灵感？能够鸟瞰地球，拜访未知星球，是我们每个人的愿望，这个梦离我们到底还有多远？本章节将带领大家一同走进大自然的深处，领略造物主的天才创造和人类的智慧结晶。

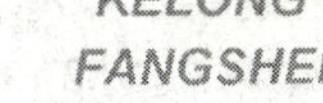

# 另辟蹊径的学科
# ——仿生学的概念及意义

当你欣赏“神舟”升空的壮丽时，当你感叹科技日新月异时，你可曾想过这些伟大的发明是从哪里来的吗？其实它们离我们的世界说近不近，说远不也远。这话怎么讲呢？今天将带领大家一同走进科技的背后，领略科学家们的奇特思维……

◆琳琅满目的仿生用品

## 仿生学

仿生学是研究生物系统的结构和性质、以为工程技术提供新的设计思想及工作原理的科学。属于生物科学与技术科学之间的边缘学科。它涉及生物学、生物物理学、生物化学、物理学、控制论、工程学等学科领域。仿生技术通过对各种生物系统所具有的功能原理和作用机理作为生物模型进行研究，最后实现新的技术设计并制造出更好的新型仪器、机械等。是20世纪60年代由美国斯蒂尔根据拉丁文“bios（生

◆仿生家具

◆独具魅力的生物仿生

命方式的意思)”和字尾“nlc（具有某些的性质的意思)”提出的，即具有生命之意的基础上加上有工程技术的意思。是一门模仿生物的特殊本领，利用生物的结构和功能原理来研制机械或各种新技术的科学。

生物经过大自然几百万年的自然选择，具有的功能迄今比任何人工制造的机械都优越得多，仿生学就是要在工程上实现并有效地应用生物功能的一门学科。例如关于信息接受（感觉功能）、信息传递（神经功能）、自动控制系统等，这种生物体的结构与功能在机械设计方面给了很大启发。如将海豚的体形或皮肤结构（游泳时能使身体表面不产生紊流）应用到潜艇设计原理上。仿生学是近期发展起来的生物学和技术学相结合的交叉学科。

你身边有什么东西是仿生来的?

◆翅膀的灵感

仿生学试图在技术方面模仿动物和植物在自然中的功能。这个思想在生物学和技术之间架起了一座桥梁，并且对解决技术难题提供了帮助。通过再现生物学的原理，人类不仅找到了技术上的解决方案，而且同时该方案也完全适应了自然的需要。

仿生学的目的就是分析生物过程和结构，以及将它们的分析用于未来

的设计。人类所从事的技术就是为了使之达到最优化和互相间的协调。而模拟生物适应环境的功能无疑是一个好机会。

在我们人类的技术世界中模拟自然中的东西并不是一个新鲜的思想，自从传说带着用鸟的羽毛做成的翅膀飞向空中，而最后因为太阳的热度掉到地上起，人类就一直沉迷于此。

## 仿生学与人类

随着生产的需要和科学技术的发展，人们已经认识到生物系统是开辟新技术的主要途径之一，自觉地把生物界作为各种技术思想、设计原理和创造发明的源泉。人们用化学、物理学、数学以及技术模型对生物系统开展着深入的研究，促进了生物学的极大发展，对生物体内功能机理的研究也取得了迅速的进展。此时模拟生物不再是引人入胜的幻想，而成了可以做到的事实。生物学家和工程师们积极合作，开始将从生物界获得的知识用来改善旧的或创造新的工程技术设备。仿生学开始跨入各行各业技术革新和技术革命的行列，而且首先在自动控制、航空、航海等军事部门取得了成功。

◆创新无处不在

◆航空事业的灵感来源

◆建筑学的仿生

仿生学将生物系统的结构、特质、功能、能量转换、信息控制等各种优异的特征应用到技术系统，改善已有的技术工程设备，并创造出新的工艺过程、建筑构型、自动化装置等技术系统的综合性科学。从生物学的角度来说，仿生学属于“应用生物学”的一个分支；从工程技术方面来看，仿生学根据对生物系统的研究，为设计和建造新的技术设备提供了新原理、新方法和新途径。仿生学的光荣使命就是为人类提供最可靠、最灵活、最高效、最经济的接近于生物系统的技术系统，为人类造福。

## 视野扩扩扩——系统生物工程

系统生物工程的理念是仿生学与遗传学的整合，也就是发展遗传工程的仿生学。人工基因重组、转基因技术是自然重组、基因转移的模仿，天然药物分子、生物高分子的人工合成是分子水平的仿生，人工神经元、神经网络、细胞自动机是细胞系统水平的仿生，跟随单基因遗传学、单基因转移发展到多基因系统调控研究的系统遗传学、多基因转基因的合成生物学，以及纳米生物技术、生物计算、DNA 计算机技术的系统生物工程的发展，仿生学已经全面发展到一个从分子、细胞到器官的人工生物系统开发的时代。

1. 什么是仿生学？
2. 仿生学给我们人类带来了哪些方便？
3. 奥运会运动馆的灵感是从哪儿来的？
4. 什么是系统生物工程？

# 垂柳要寻根
# ——仿生学的历史

◆牛顿与苹果的故事

◆被广泛应用的木桨

就像是当初砸在牛顿头上的苹果一样，其实，科学无处不在，灵感也无处不在，最重要的是我们要做一个有心人，要善于观察生活，善于发现生活中的美，发现生活中的那些不为人知的“秘密”……

## 上天的启示

自古以来，自然界就是人类各种技术思想、工程原理及重大发明的源泉。生物界经过长期的进化，使它们能适应环境的变化，从而得到生存和发展。正像劳动创造了人类，人类以自己直立的身躯、能劳动的双手、交流情感和思想的语言，在长期的生产实践中，促进了神经系统尤其是大脑的高度发展。因此，人类无与伦比的能力和智慧远远超过生物界的所有类群。人类通过劳动运用聪明的才智和灵巧的双手制造工具，从而在自然界里获得更大的自由。人类的智慧不仅仅停留在观察和认识生物界上，而且还运用人类所独有的思维和设计能力模仿生物，通过创造性的劳动增加自己的本领。了解了鱼儿在水中自由来去的本领，人们就模仿鱼类的形体造船，以鳍做木桨。相传早在大禹时期，我国古代劳动人民观察鱼在水中用尾巴的摇摆而游动、转弯，他们就在船尾上架置木桨。通过反复的观察、模仿和实践，逐渐改成橹和舵，增加了船的动力，掌握了使船转弯的手段。这样，即使在波涛滚滚的江河中，人们也能让船只航行自如。

## 迟来的发现

在20世纪40年代以前，人们并没有自觉地把生物作为设计思想和创造发明的源泉。科学家对生物学的研究也只停留在描述生物体精巧的结构和完美的功能上。而工程技术人员更多地依赖于他们卓越的智慧，辛辛苦苦地努力，进行着人工发明。他们很少有意识地向生物界学习。以下几个事实可以说明：人们在技术上遇到的某些难题，生物界早在千百万年前就曾出现，而且在进化过程中就已经解决了，然而人类却没有从生物界得到应有的启示。在第一次世界大战时期，出于军事上的需要，为使舰艇在水下隐蔽航行而制造出潜水艇。当工程技术人员在设计原始的潜艇时，是先用石块或铅块装在潜艇上使它下沉，如果需要升至水

◆鳔充气的河豚鱼

◆夜间飞行的蝙蝠

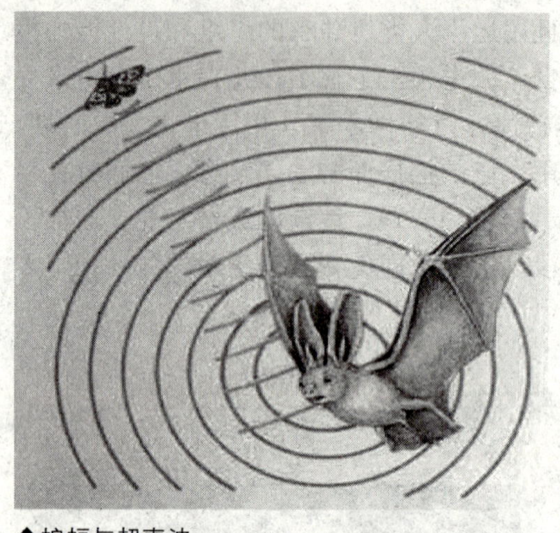
◆蝙蝠与超声波

面，就将携带的石块或铅块扔掉，使艇身回到水面来。以后经过改进，在潜艇上采用浮箱交替充水和排水的方法来改变潜艇的重量，以后又改成压载水舱，在水舱的上部设放气阀，下面设注水阀，当水舱灌满海水时，艇身重量增加使可它潜入水中，需要紧急下潜时还有速潜水舱，待艇身潜入水中后，再把速潜水舱内的海水排出。如果一部分压载水舱充水，另一部分空着，潜水艇可处于半潜状态。潜艇要起浮时，将压缩空气通入水舱排出海水，艇内海水重量减轻后潜艇就可以上浮。如此优越的机械装置实现了潜艇的自由沉浮。但是后来发现，鱼类的沉浮系统比人们的发明要简单得多，鱼的沉浮系统仅仅是充气的鱼鳔。鳔内不受肌肉的控制，而是依靠分泌氧气进入鳔内或是重新吸收鳔内一部分氧气来调节鱼鳔中气体含量，促使鱼体自由沉浮。然而鱼类如此巧妙的沉浮系统，对潜艇设计师的启发和帮助已经为时过迟了。



声音是人们生活中不可缺少的要素。通过语言，人们交流思想和感情，优美的音乐使人们获得艺术的享受，工程技术人员还把声学系统应用在工业生产和军事技术中，成为颇为重要的信息之一。自从潜水艇问世以来，随之而来的就是水面的舰船如何发现潜艇的位置以防偷袭；而潜艇沉入水中后也须准确测定敌船方位和距离以利攻击。因此，在第一次世界大战期间，在海洋上，水面与水中敌对双方的斗争采用了各种手段。海军工程师们也利用声学系统作为一个重要的侦察手段。首先采用的是水听器，也称噪声测向仪，通过听测敌舰航行中所发出的噪声来发现敌舰。只要周围水域中有敌舰在航行，机器与螺旋桨推进器便发出噪声，通过水听器就能听到，能及时发现敌人。但那时的水听器很不完善，一般只能收到本身舰只的噪声，要侦听敌舰，必须减慢舰只航行速度甚至停车才能分辨潜艇的噪声，这样很不利于战斗行动。不久，法国科学家郎之万（1872～

1946）经研究成功地利用超声波反射的性质来探测水下舰艇。用一个超声波发生器，向水中发出超声波后，如果遇到目标便反射回来，由接收器收到。根据接收回波的时间间隔和方位，便可测出目标的方位和距离，这就是所谓的声纳系统。人造声纳系统的发明及在侦察敌方潜水艇方面获得的突出成果，曾使人们为之惊叹不已。岂不知远在地球上出现人类之前，蝙蝠、海豚早已对“回声定位”声纳系统应用自如了。

## 可爱的剧毒

### 河豚鱼

河豚，学名暗纹东方豚，又名吹肚鱼、气泡鱼，是鱼类中已知的最毒的鱼之一，但因其肉质鲜美，被人称为致命的美味。

河豚是一种非常“爱生气”的鱼。为什么这么说呢？因为它有一个有趣的生理现象，就是当其碰触到硬物时，河豚会极力吸气，导致它的鳔急剧膨胀，好像马上就要涨破的样子，活像一个受尽委屈无处宣泄的气包，样子极为可爱。

## 拓展思考

1. 注意观察你身边的仿生例子，你能列举出几种呢？
2. 鱼鳔的功能是什么？
3. 关于苍蝇的仿生你知道的有哪些？
4. 飞机是根据什么发明的？

# 再现完美自然选择
# ——仿生学的研究方法及内容

知道了仿生学对人类有这么多的好处，那么我们应该努力学习仿生学，学会运用仿生思想来思考和解决问题，我们以后遇到问题时就会开阔思路，让问题迎刃而解了。

## 仿生学研究方法

◆模仿蜂巢的车轮设计

◆计算机模拟实验室

我们知道仿生学的任务是研究生物系统的优异能力及产生的原理，并把它模式化，然后应用这些原理去设计和制造新的技术设备。

仿生学的主要研究方法当然就是提出模型，进行模拟。研究程序有以下三个阶段：

首先，是对生物原型的研究。根据生产实际提出的具体课题，将研究所得的生物资料予以简化，吸收对技术要求有益的内容，取消与生产技术要求无关的因素，得到一个生物模型；

其次，是将生物模型提供的资料进行数学分析，并使其内在的联系抽象化，用数学的语言把生物模型“翻译”成具有一定意义的数学模型；

最后，将数学模型制造出可在工程技术上进行实验的实物模型。当然在生物的模拟过程中，不仅仅是简单的仿生，更重要的是在仿生中有创新。经过实践——认识——再实践的多次重复，才能使模拟出来的东西越来越符合生产的需要。这样模拟的结果，使最终建成的机器设备将与生物原型不同，在某些方面甚至超过生物原型的能力。例如，今天的飞机在许多方面都超过了鸟类的飞行能力；电子计算机在复杂的计算中要比人的计算能力迅速而可靠。

◆如何计算出前后车轮的连接弧度?



## 仿生学研究特点

仿生学的基本研究方法中有一个突出的特点，就是整体性。从仿生学的整体来看，它把生物看成是一个能与内外环境进行联系和控制的复杂系统。它的任务就是研究复杂系统内各部分之间的相互关系以及整个系统的行为和状态。生物最基本的特征就是生物的自我更新和自我复制，它们与外界的联系是密不可分的。生物从环境中获得物质和能量，才能进行生长和繁殖；生物从环境中接受信息，不断地调整和综合，才能适应和进化。长期的进化过程使生物获得结构和功能的统一，局部与整体的协调与统一。仿生学要研究生物体与外界刺激（输入信息）之间的定量关系，即着重于数量关系的统一性，才能进行模拟。为达到此目的，采用任何局部的方法都不能获得满意的效果。

◆这是包还是茶壶?

因此，仿生学的研究方法必须着重于整体。

◆鸽子为什么从来不迷路?

## 仿生学研究内容

仿生学的研究内容极其丰富多彩，因为生物界本身就包含着成千上万的种类，它们具有各种优异的结构和功能供各行业来研究。自从仿生学问世以来的二十几年内，仿生学的研究得到迅速的发展，且取得了很大的成果。就其研究范围可包括电子仿生、机械仿生、建筑仿生、化学仿生等。随着现代工程技术的发展，学科分支繁多，在仿生学中相应地开展对口的技术仿生研究。例如：航海部门对水生动物运动的流体力学的研究；航空部门对鸟类、昆虫飞行，动物的定位与导航的研究；工程建筑对生物力学的模拟；无线电技术部门对人类神经细胞、感觉器官和神经网络的模拟；计算机技术对脑的模拟及人工智能的研究等。在第一届仿生学会议上发表的比较典型的课题有："人造神经元有什么特点"、"设计生物计算机中的问题"、"用机器识别图像"、"学习的机器"等。从中可以看出电子仿生的研究比较广泛。仿生学的研究课题多集中于对以下三种生物原型的研究，即动物的感觉器官、神经元、神经系统的整体作用。之后在机械仿生和化学仿生方面的研究也随之开展起来，近些年又出现新的分支，如人体的仿生学、分子仿生学和宇宙仿生学等。

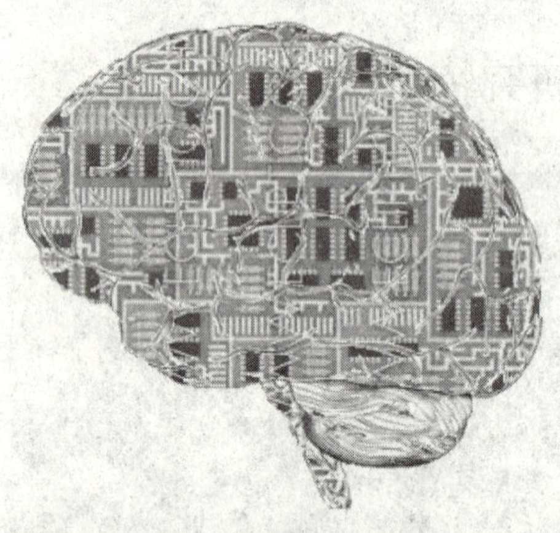
◆蓝脑计划——人造大脑

总之，仿生学的研究内容，从模拟微观世界的分子仿生学到宏观的宇宙仿生学，包括了更为广泛的内容。在其他学科的渗透和影响下，生物科学的研究在方法上发生了根本的转变；在内容上也从描述和分析的水平向着精确和定量的方向深化。

**视野扩扩扩**

**鸽子的导航**

对鸽子为什么能从很远的地方回到“家里”的问题，有上千个答案进行解释。一只比赛冠军鸽子可以在一天之内从640～960千米之外回到家里。而这一惊人的能力并不仅限于赛鸽或者家鸽，所有的鸽子都拥有返回栖息地的能力。

牛津大学一份历经十年的研究报告指出，鸽子使用道路、高速公路等进行导航；其他的理论认为鸽子是通过地球磁场、地标、太阳甚至次声等等进行导航。无论真相是什么，都让鸽子成为了独一无二的特殊鸟类。



## 历史上的1960年9月12日——美国俄亥俄州的空军基地第一次仿生学会议

人类对生物的模仿古已有之。中国古人就有“风飞蓬转而知为车”，即看到随风旋转的飞蓬草而发明了轮子并做成有轮子的车。还有，人们模仿鱼的形体造船，以木桨仿鳍，以橹舵仿尾。现代科学技术有很多是应用仿生学原理的。例如潜水服中的蹼，就是依照青蛙的后肢形状做成；潜水艇的设计，其原理也和鱼鳔的原理相同。

尽管人们很早就利用了仿生的知识，但是仿生学作为一门独立的学科却是20世纪的事。1960年9月12日，在俄亥俄州的空军基地召开了第一次仿生学会议，会议讨论了由生物系统所得到的概念能否应用于人工制造的信息加工系统的问题，即生物学能否与技术工程科学相结合的问题，并把这一新学科命名为“Bionics”。1963年，中国将“Bionics”译为“仿生学”。仿生学是模仿生物来建造先进技术设备或装置的一门学科。它研究生物体的结构和功能的工作原理，并将这些原理移植于工程技术中，发明性能优异的仪器、装置、机器，以及为创造新的科学技术设备、建筑结构和新的工艺提供原理、设计思想和规划蓝图。仿生学所涉及到的科学领域极广，内容非常丰富。它从产生到现在已经取得了很大的成果，形成了许多分支。

1. 仿生学研究有什么特点？
2. 鸽子是利用什么导航的？
3. 查询相关知识了解什么是蓝脑计划？
4. 第一次仿生学会议是什么时间召开的？

# 先睹为快
# ——仿生学的研究范围

了解了仿生学的研究方法，大家是不是有跃跃欲试的冲动呢？那么仿生学到底研究的范围有多广，本节就给大家一一讲解……

◆悉尼歌剧院与帆船

## 仿生学的分类

仿生学内容丰富多彩，形式多样，归结起来主要包括力学仿生、分子仿生、能量仿生、信息与控制仿生等。

力学仿生

力学仿生，是研究并模仿生物体大体结构与精细结构的静力学性质，以及生物体各组成部分在体内相对运动和生物体在环境中运动的动力学性质。例如，建筑上模仿贝壳修造的大跨度薄壳建筑，模仿股骨结构建造的立柱，既消除应力特别集中的区域，又可用最少的建材承受最大的载荷。军事上模仿海豚皮肤的沟槽结构，把人工海豚皮包敷在船舰外壳上，可减少航行湍流，提高航速。

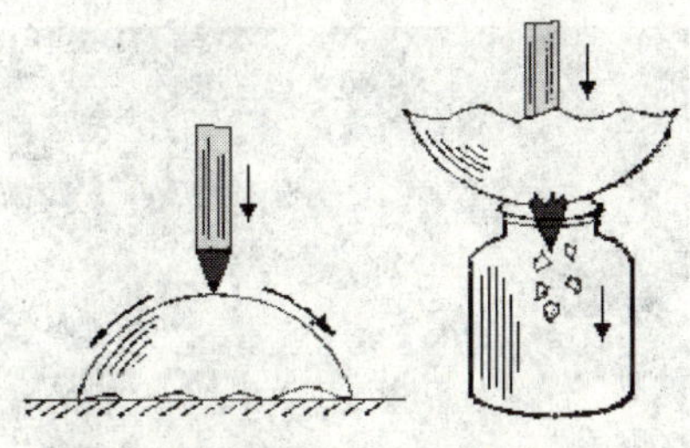

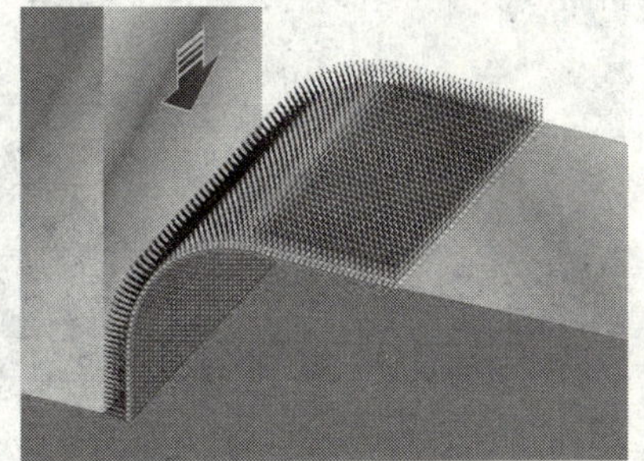
◆生物膜的模拟技术

### 分子仿生

分子仿生，是研究与模拟生物体中酶的催化作用，生物膜的选择性、通透性，生物大分子或其类似物的分析和合成等。例如，在搞清森林害虫舞毒蛾性引诱激素的化学结构后，合成了一种类似有机化合物，在田间捕虫笼中用千万分之一微克，便可诱杀雄虫。

### 能量仿生

◆会发光的荧光菌

能量仿生，是研究与模仿生物电器官生物发光、肌肉直接把化学能转换成机械能等生物体中的能量转换过程。

### 信息与控制仿生

信息与控制仿生，是研究与模拟感觉器官、神经元与神经网络、以及高级中枢的智能活动等方面生物体中的信息处理过程。例如，根据象鼻虫视动反应制成的“自相关测速仪”可测定飞机着陆速度。根据鲎复眼视网膜侧抑制网络的工作原理，研制成功可增强图像轮廓、提高反差、从而有助于模糊目标检测的一些装置。已建立的神经元模型达 100 种以上，并在此基础上构造出新型计算机。

◆鲎

### 人一机仿生系统

模仿人类学习过程，制造出一种称为“感知机”的机器，它可以通过训练，改变元件之间联系的权重来进行学习，从而能实现模式识别。此外，它还研究与模拟体内稳态、运动控制、动物的定向与导航等生物系统中的控制机制，以及人-机系统的仿生学内容。

也有分类把分子仿生与能量仿生的部分内容称为化学仿生，而把信息和控制仿生的部分内容称为神经仿生。

## 仿生学的主要研究领域

在仿生学的诸多分类中，信息与控制仿生是一个主要领域。一方面是由于自动化向智能控制发展的需要，另一方面是由于生物科学已发展到这样一个阶段，研究大脑已成为对神经科学最大的挑战。人工智能和智能机器人研究的仿生学方面——生物模式识别的研究，大脑学习记忆和思维过程的研究与模拟，生物体中控制的可靠性和协调性问题等——是仿生学研究的主攻方面。

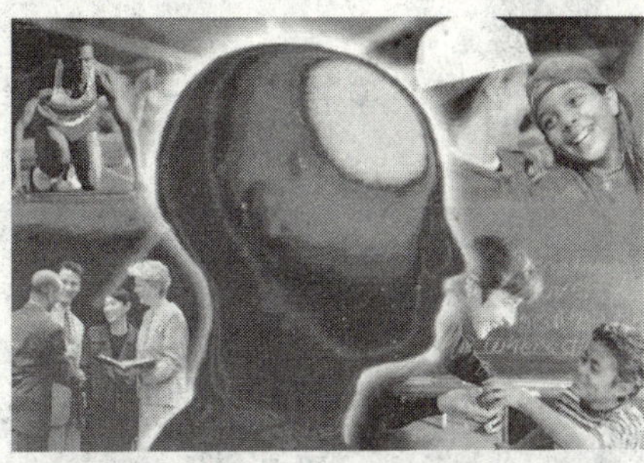

◆智能机器人

控制与信息仿生和生物控制论关系密切。两者都研究生物系统中的控制和信息过程，都运用生物系统的模型。但前者的目的主要是构造实用人造硬件系统；而生物控制论则从控制论的一般原理，从技术科学的理论出发，为生物行为寻求解释。

最广泛地运用类比、模拟和模型方法，是仿生学研究方法的特点。其目的是要理解生物系统的工作原理，以实现特定功能为中心目的。一般认

为，在仿生学研究中存在下列三个相关的方面：生物原型、数学模型和硬件模型。前者是基础，后者是目的，而数学模型则是两者之间必不可少的桥梁。

由于生物系统的复杂性，搞清某种生物系统的机制需要相当长的研究周期，而且解决实际问题需要多学科长时间的密切协作，这是限制仿生学发展速度的主要原因。当然这些问题都不会阻挡我们科学家坚定而有力的步伐的。

## 对科学巨人——爱因斯坦大脑的研究

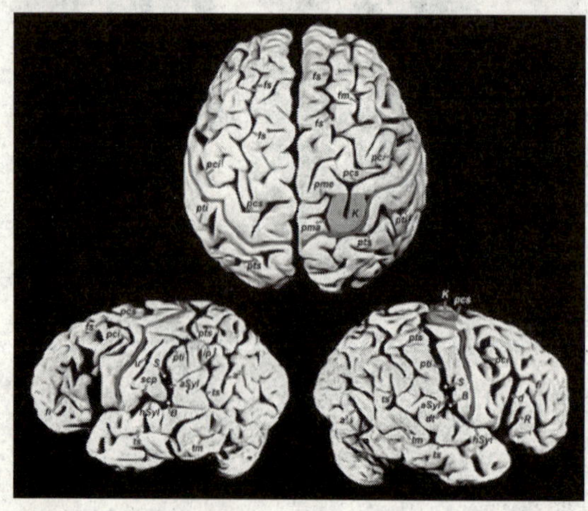

◆爱因斯坦的大脑图

爱因斯坦是举世闻名的物理学家，曾荣获过诺贝尔物理学奖，1955 年去世。为了研究伟人的大脑是否具有某些特殊的功能，达利亚 · W. 扎伊德尔博士研究了爱因斯坦的两个大脑组织切片（生物实验中经常使用的研究方法）。这两个切片含有大脑海马区的神经细胞，它们负责处理语言与想象的工作。

通过与 10 个普通人的大脑切片对比，扎伊德尔博士发现爱因斯坦大脑组织存在显著的“优势”：爱因斯坦大脑海马区左侧的神经细胞明显比右侧的大，并且分布很规则；而普通人该组织区的神经细胞看上去很小，而且表现得“非常不规则”。

扎伊德尔博士声称，海马区左侧的神经细胞较大，可能意味着该组织区与大脑皮层的“交流能力”比较

强，而大脑皮层又是人类进行逻辑思考、分析和创造性思维的组织地带。

但是扎伊德尔指出，爱因斯坦大脑组织的特性“是天生的还是后天发展的结果”，目前尚不能定论。她希望自己可以收集到更多的杰出科学家特别是物理学家的大脑组织进行研究，“这有希望能揭示科学家的大脑为什么比普通人聪明”。

拓展思考

1. 仿生学的研究范围包括哪些？
2. 仿生学的主要研究领域是什么？
3. 信息与控制仿生学的研究瓶颈是什么？
4. 爱因斯坦的大脑与普通人有区别吗？

# 剪不断 理还乱
# ——区别仿生、仿真与模拟

我们无论做什么研究，研究的目的都是要为人们服务的，因此就要求研究具有可实施性，这样才能实现研究的价值。那么科研通常采用什么办法来确定其可实施性呢？它们之间又有怎样的联系与不同呢？我们已经了解了仿生研究的方法，今天就让我们一起来辨别一下它与仿真、模拟的区别吧。



## 仿真

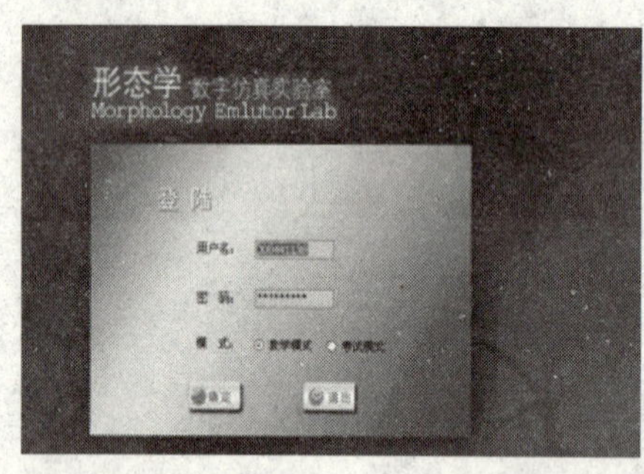

◆仿真软件操作界面

仿真是模拟的一种，利用模型重现实际应用中发生的本质过程，并通过对系统模型的实验来研究存在的或设计中的系统。简单地说，就是用模型将项目的实际过程展现出来，以达到节省成本，提高安全性等目的，例如利用仿真软件模拟个体生长过程等。仿真模型包括物理的和数学的、静态的和动态的、连续的和不连续的各种模型。当所研究的系统造价昂贵、实验的危险性大或需要很长的时间才能了解系统参数变化所引起的后果时，仿真是一种特别有效的研究手段。仿真的重要工具是计算机。仿真过程包括建立仿真模型和进行仿真实验两个主要步骤。

利用计算机实现对系统的仿真研究，不仅方便、灵活，而且也是经济的，因此计算机仿真在仿真技术中占有重要地位。20 世纪 50 年代初，连续系统的仿真研究绝大多数是在模拟计算机上进行的。50 年代中期，人们

开始利用数字计算机实现数字仿真。计算机仿真技术遂向模拟计算机仿真和数字计算机仿真两个方向发展。在模拟计算机仿真中增加逻辑控制和模拟存储功能之后，又出现了混合模拟计算机仿真，以及把混合模拟计算机和数字计算机联合在一起的混合计算机仿真。在发展仿真技术的过程中，大量仿真程序包和仿真语言被研制出来，70 年代后期还研制成功专用的全数字并行仿真计算机。

◆仿真计算机

## 仿真工具

仿真工具主要指的是仿真硬件和仿真软件。仿真硬件中最主要的是计算机。

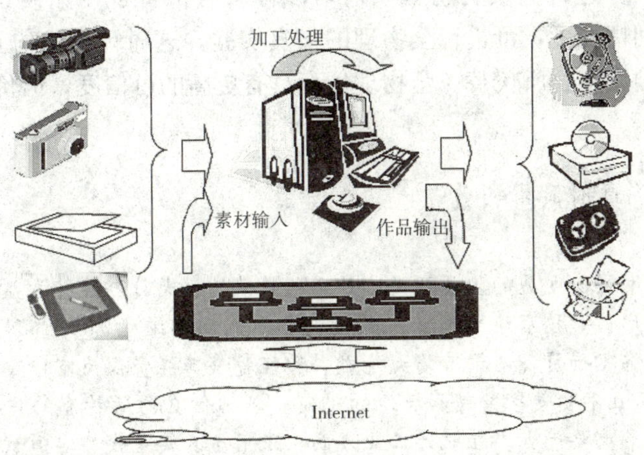


◆计算机核心

仿真软件包括为仿真服务的仿真程序、仿真程序包、仿真语言和以数据库为核心的仿真软件系统。仿真软件的种类很多，在工程领域用于系统性能评估，如机构动力学分析、控制力学分析、结构分析、热分析、加工仿真等仿真软件系统 MSC Software，在航空航天等高科技领域已有 45 年的应用历史。

## 仿真实验

◆最大型的仿真驾驶器

通过实验可观察系统模型各变量变化的全过程。为了寻求系统的最优结构和参数，常常要在仿真模型上进行多次实验。在系统的设计阶段，人们大多采用计算机进行数学仿真实验，因为修改、变换模型比较方便和经济。在部件研制阶段，可用已研制的实际部件或子系统去代替部分计算机仿真模型进行半实物仿真实验，以提高仿真实验的可信度。在系统研制阶段，大多进行半实物仿真实验，以修改各部件或子系统的结构和参数。在个别情况下，可进行全物理的仿真实验，这时计算机仿真模型全部被物理模型或实物所代替。全物理仿真具有更高的可信度，但价格昂贵。

### 仿真的应用和效益

仿真技术得以发展的主要原因，是它所带来的巨大社会经济效益。在航空工业方面，采用仿真技术使大型客机的设计和研制周期缩短 20%。利用飞行仿真器在地面训练飞行员，不仅节省大量燃料和经费（其经费仅为空中飞行训练的十分之一），而且不受气象条件和场地的限制。训练仿真器所特有的安全性也是仿真技术的一个重要优点。在航天工业方面，采用仿真实验代替实弹试验，可使实弹试验的次数减少 80%。在电力工业方面采用仿真系统对核电站进行调试、维护和排除故障，一年即可收回建造仿真系统的成本。

模拟

模拟是对真实事物或者过程的虚拟。模拟要表现出选定的物理系统或抽象系统的关键特性。模拟的关键问题包括有效信息的获取、关键特性和表现的选定、近似简化和假设的应用，以及模拟的重现度和有效性。可以认为，仿真是一种重现系统外在表现的特殊的模拟。

◆模拟在医学的应用——心脏复苏模拟人

模拟经常采用虚拟具体假想情形的方法，也经常采用数学建模的抽象方法。电子计算机模拟最初只用于物理、工程、医学、空间技术等方面。20 世纪 50 年代以后，逐步推广到工商业管理、经济科学研究之中。

## 模拟的步骤

进行模拟的步骤包括确定问题、收集资料、制订模型、建立模型的计算程序、鉴定和证实模型、设计模型试验、进行模拟操作和分析模拟结

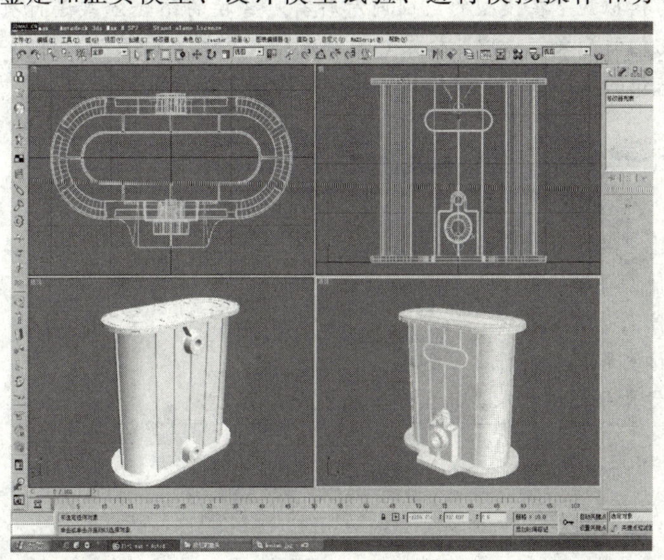
◆建模软件的使用

果。这里所说的模型必须是模拟模型，一般地说，随机模型比确定性模型、动态模型比静态模型、非线性模型比线性模型更多地使用模拟方法来分析和求解，而成为模拟模型。模拟模型比较灵活，不求最优解，可以回答如果在某个时期采取某种行动对后续时期将会产生什么后果一类的问题。除模拟模型外，进行模拟还需要电子计算机程序、模拟语言、实验设计技术等必要知识。

## 经济学中对模拟有三种不同的认识

在现实经济生活中直接进行实验，或者是不可能的，或者是得不偿失的，而根据实际问题建立模型，并利用模型进行试验，比较不同后果，选择可行方案，不失为有效的代用方法。经过发展，模拟在经济学中形成了三种不同的认识

①认为模拟就是用模型去描述经济系统的结构和行为，以研究该系统某方面的变化如何影响其他方面或整个系统；

②认为模拟就是对模型的方程组特别是动态方程组进行按期的求解，以探测模型的灵敏度，预测即为一种模拟；

③认为模拟就是在模型的范围内对所有可替换的结合方式进行有控制的试验，观察它们的后果，从中选择较好的特定结合方式。政策分析即为一种模拟。上述三种认识的共同点是：模拟离不开模型的建立和应用。

## 拓展思考

1. 什么是仿真？
2. 什么是模拟？
3. 仿真和模拟有什么区别？
4. 仿真和模拟对人类的生活带来了哪些变化？

# 会发光的屁股
# ——萤火虫与人工冷光

“小小萤火虫，飞到西，飞到东，这边亮，那边亮，好像许多小灯笼。”——《萤火虫》这首儿歌大家是否听过呢？一提起萤火虫，我们就能想到它撅着发光的小屁股飞来飞去，给黑暗里夜里带来一丝的光亮。那么，萤火虫为什么会发光呢？今天就让我们一起去拜访拜访萤火虫先生吧。

◆可爱的萤火虫



## 冷光

在自然界中，有许多生物都能发光，如细菌、真菌、蠕虫、软体动物、甲壳动物、昆虫和鱼类等，而且这些动物发出的光都不产生热，所以又被称为“冷光”。一些试验表明，正常状态健康人的左右体表的发光强度是对称的而不同疾病的病人，其左右体表则出现一个或几个不对称的发光部位，称为病理发光信息点。例如，感冒病人在拇指尖上出现改变；高血压病人只在中指尖上；颜面神经麻痹的病人只在食指尖上；冠心病病人同时出现两个发光信息点的改变；脑血管意外

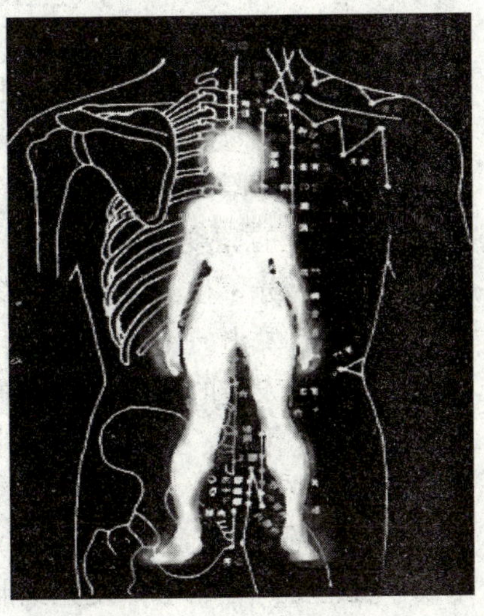

◆人体辉光

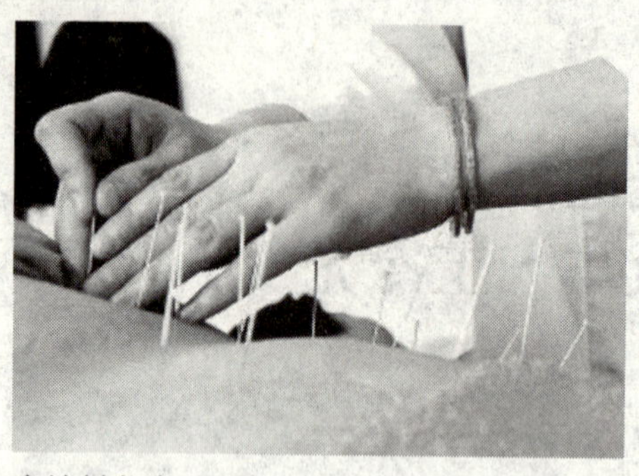

◆针刺疗法

的病人有三处发生改变……这些病理发光信息点的失衡，往往与中医的经络学说、脏腑理论、气血理论等密切相关，与医学信息论中剩余基本意向信息量的改变，也似乎一致，其失衡程度的不同，还与病情轻重、疗效的优劣有一定的定量关系。因而，冷光信息可用于诊断疾病、观察疗效、判断预后等等。

在病人接受针刺治疗后，其病理发光信息由不对称向对称明显地转化，证实了针刺对人体的调整作用。

人体除了体表发光之外，其他部位也会发光，例如血液等的发光就可以用来诊断炎症。据苏联的研究发现，测定血发光的强度可以在20分钟之内诊断出炎症的性质。过去由于发光强度弱不容易测定，他们加入二价铁以后，发光增强，用光电倍增管测定器，就能很容易地测得光谱曲线图。可见冷光对人们健康的帮助还是很大的。



## 人工冷光的应用

在众多的发光动物中，萤火虫是其中的一类。萤火虫约有1500种，它们发出的冷光的颜色有黄绿色、橙色，光的亮度也各不相同。萤火虫发出冷光不仅具有很高的发光效率，而且发出的冷光一般都很柔和，很适合人类的眼睛，光的强度也比较高。因此，生物光是一种人类理想的光。科学家研究发现，萤火虫的发光器位于腹部。这个发光器由发光层、透明层和反射层三部分组成。发光层拥有几千个发光细胞，它们都含有荧光素和荧光酶两种物质。在荧光酶的作用下，荧光素在细胞内水分的参与下，与氧化合便发出

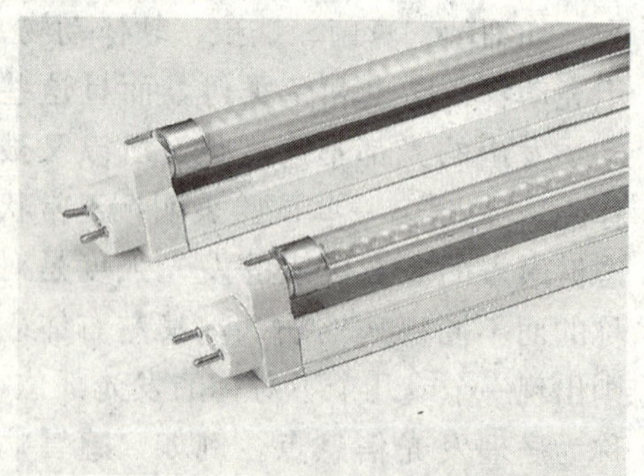

◆电棒管与冷光

荧光。萤火虫的发光，实质上是把化学能转变成光能的过程。

◆磁性水雷的引爆

自从人类发明了电灯，生活变得方便、丰富多了。但电灯只能将电能的很少一部分转变成可见光，其余大部分都以热能的形式浪费掉了，而且电灯的热射线有害于人眼。那么，有没有只发光不发热的光源呢？人类从萤火虫身上得到了启示。

近年来，科学家先是从萤火虫的发光器中分离出纯荧光素，后来又分离出荧光酶，接着又用化学方法人工合成了荧光素。由荧光素、荧光酶、ATP（三磷酸腺苷）和水混合而成的生物光源，可在充满爆炸性瓦斯的矿井中当闪光灯。由于这种光没有电源，不会产生磁场，因而可以在生物光源的照明下做清除磁性水雷等工作。并且人们已经能用掺和某些化学物质的方法得到类似生物光的冷光，作为安全照明用。

**军事基地**

磁性水雷起爆原理：海洋上航行的舰船大多是用钢铁制造的，犹如一浮动的“大磁铁”。当舰船驶入布设有磁性水雷的水域时，磁性水雷上的磁针受到舰船磁场的作用而发生转动，接通起爆电路，水雷就会起爆。

## 神秘的人体之光

1911 年，一位英国医学家将双花青染涂在一块玻璃上，借以观察人体。他惊奇地发现，在人体周围有厚 15 厘米的彩色光层，继尔俄国科学家用高频电场的照像技术将其拍了下来，这是近代科学史上的重大科学发现之一。

为何肉眼看不见人体发光呢？主要是因为它太微弱了，仅为蜡烛光的亿万分之一，需用精密仪器测定才行。如人的头部光层呈现浅蓝色；手臂呈现深蓝色；手脚的光层光度比胳膊、腿及躯干要强；青壮年的光层亮度比小孩和老人要强。

◆不同人的辉光

健康者的身体两侧光层较为对称，而患病者则否。头痛处的光层由浅蓝色变为红色；癌症部位的光层呈乌云状。人在心平气和时，光层呈现浅蓝色，发怒时呈现橙红色，恐惧时变为橘红色。

酒醉者的光层既苍白又暗淡，吸烟者的光层很不对称。每个人每时每刻都在发光，但因为人体表面发的光十分微弱，而且只发光不发热，顾名“冷光”。

◆人体微弱的辉光

人体的冷光也与人的生理状态和体内器官有着内在的联系。如人疲劳时发光就弱，人休息充分精力充沛时发光就强，如注射或服用一些高能量的药物，人体体表冷光就会明显升高，所以这就提供了一个信息，即与生命活动中的能量代谢有密切的关系。

这种信息的深入研究，就打开了探索人体内部器官、神经系统、经络血脉等奥秘的窗口。

1. 什么是冷光？
2. 都有哪些动物会发冷光？
3. 什么是磁性鱼雷？
4. 什么是人体辉光？

# 变废为宝
# ——苍蝇的仿生学

每当夏天来临的时候，我们总是很开心，因为可以吃冰淇淋，可以吃美味的西瓜和各种令人垂涎的水果。可是，讨厌的苍蝇、蚊子也总在这时跑出来煞我们的风景，我们发明灭蝇器、苍蝇拍，千方百计地想要灭掉它们。可是你知道吗？聪明的科学家们却发现了它们的价值并开始对讨厌苍蝇进行研究了。

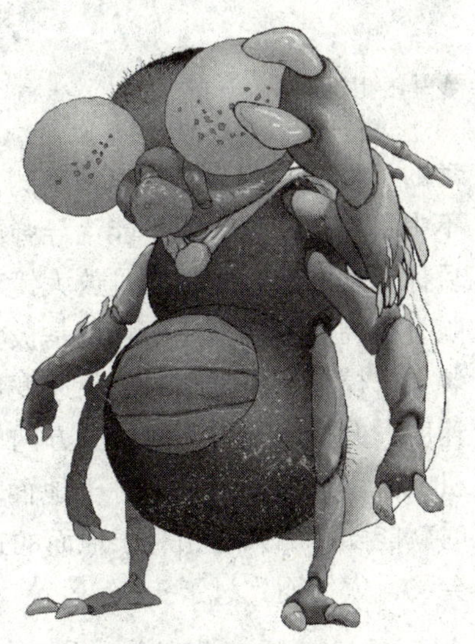
◆“武装”的苍蝇

## 苍蝇的复眼

大家可曾注意到，每当你盯着一个苍蝇半天它都不动的时候，你就会蹑手蹑脚地拿着苍蝇拍准备从背后偷袭它，结果正当马上都要成功的时候，它却“嗖”的一声飞走了，这种恼人的事情常有发生。大家想过这是为什么吗？昆虫学家研究发现，苍蝇的眼睛是复眼结构，即有许多小眼睛聚集到一起形成的。这些小眼睛叫作单眼，每个复眼包含 4000 个可独立成像的单眼，能看清几乎 360°范围内的物体。在蝇眼的启示下，人们制成了“蝇眼透镜”。“蝇眼透

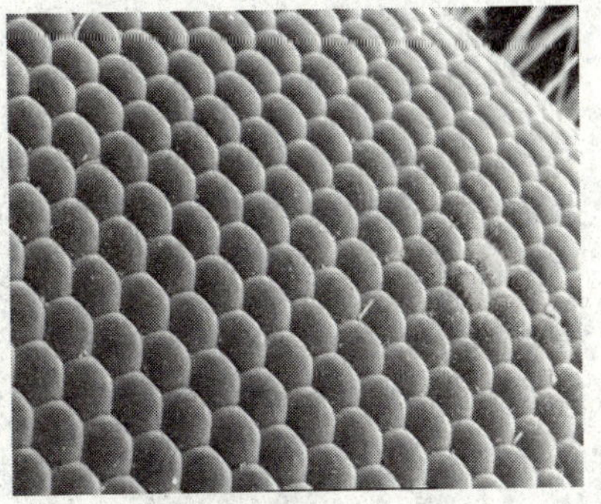
◆苍蝇的复眼电镜图

◆蝇眼相机

镜”是用几百或者几千块小透镜整齐排列组合而成的，用它作镜头可以制成“蝇眼照相机”，一次就能照出千百张相同的相片。这种照相机已经用于印刷制版和大量复制电子计算机的微小电路，大大提高了工效和质量。“蝇眼透镜”是一种新型光学元件，在军事、医学、航空、航天上被广泛应用。

以前的导弹是不能对付快速移动的目标的，因为它难以精确测定迅速运动着的目标的速度，所以导弹打不中目标很常见。能不能为导弹配上一双更敏锐的眼睛，让它快速计算出目标运动的速度呢？通过放大镜对苍蝇的眼睛进行研究，构成其复眼的单眼有很高的分辨率，而且还是极为灵敏的速度计。受此启发，人们给导弹装上了模仿昆虫复眼的虫眼速度计，它能迅速地测定导弹与目标间的相对速度，并指示导弹不断调整方向与速度，一举将目标击毁。它还可装在飞机上，用来测量飞机相对于地面的速度。飞机有了这种“眼睛”，在着陆时就能随时测知它相对于地面的速度，既不会飞得太慢而耽误时间，也不会飞得太快而飞过了头。



## 平衡棒与振动陀螺仪

苍蝇等双翅目昆虫后翅的痕迹器官——楫翅，不仅能使昆虫不用跑道而直接起飞，而且是使昆虫保持航向的天然导航器官，因此又称为平衡棒。苍蝇飞行时，楫翅以每秒 330 次的频率不停地振动着。当身体倾斜、俯仰或偏离航向时，楫翅振动平面的变化便被其基部的感

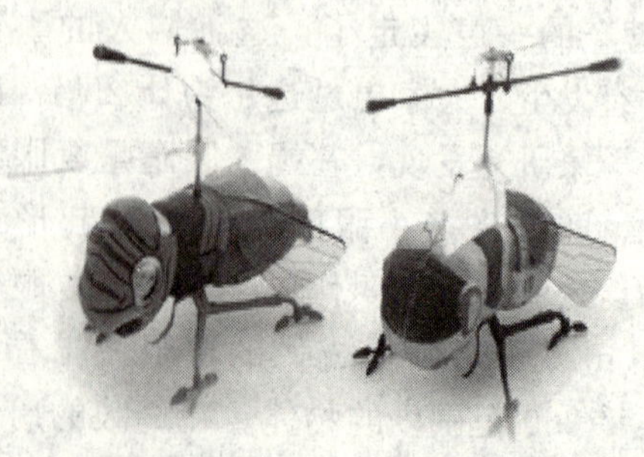
◆苍蝇模型

受器所感觉。苍蝇的大脑分析了这一偏离的信号后，便向一定部位的肌肉组织发出指令去纠正偏离的航向。

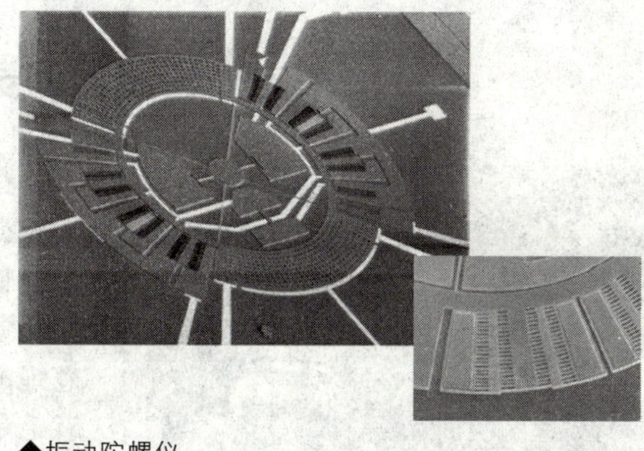
◆振动陀螺仪

人们根据苍蝇楫翅的导航原理，研制成功了一种“振动陀螺仪”。它的主要组成部件形似一个双臂音叉，通过中柱固定在基座上。音叉两臂的四周装有电磁铁，使其产生固定振幅和频率的振动，来模拟昆虫楫翅的陀螺效应。当航向偏离时，音叉基座随之旋转，致使中柱产生扭转振动，中柱上的弹性杆亦随之振动，并将这一振动转变成一定的电信号传送给转向舵。于是，航向便被纠正了。由于这种“振动陀螺仪”没有普通惯性导航仪的那种高速旋转的转子，因而体积大大缩小。受到这类生物导航原理的启示，人们逐渐地发展了陀螺的新概念，还制成了高精度的小型“振弦角速率陀螺”和“振动梁角速度陀螺”。这些新型导航仪现已用于高速飞行的火箭和飞机，能自动停止危险的“翻滚飞行”，可靠地保障了飞行的稳定性。

**想 一 想**

**苍蝇这么脏，它为什么不会生病呢？**

苍蝇有绝妙的防病高招：一是快速吸收养料，一般只需十几秒，然后马上把残渣排掉，不给细菌在体内繁殖的机会；二是藏有一种独门武器——比青霉素杀菌力强百倍的抗菌蛋白，一旦遇有快速繁殖能力的细菌，它就排放这种蛋白，快速消灭这些病菌。受其启发，科学家已成功地从苍蝇体内分离出能够抑制多种病原菌和抗病毒的菌肽，有望制造出让病菌不能产生抗药性的新型抗生素。

## 来自苍蝇嗅觉的灵感

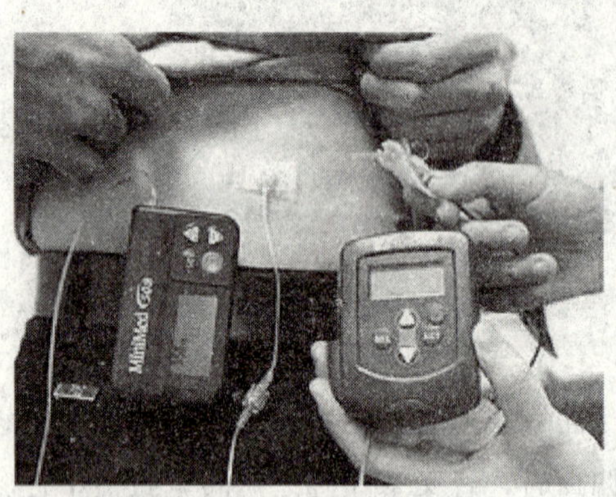

◆糖尿病预测仪

苍蝇的嗅觉和味觉都很灵敏，但嗅觉比味觉更灵敏，这是因为嗅觉感受器只需同气体接触便可，而味觉感受器必须接触物体才行。苍蝇的口上和腿上长满了茸毛，茸毛是由两个感盐细胞、一个感糖细胞和一个感水细胞组成的，因此茸毛对甜味有着特殊的“爱好”。人们根据这个原理，仿制了预测糖尿病的仪器。另外，这四个感受细胞能各自把得到的信息输入大脑，当苍蝇跟物体一接触，便能分辨能否食用。在这个基础上，人们把各种化学反应转变成电脉冲的方式，制成了十分灵敏的气体分析仪，用来分析航天飞机中气体的成分以及检测潜水艇中的有毒气体。

### 视野扩扩扩——“苍蝇”也能当特工

美国哈佛大学的科学家经过 7 年秘密研制后，发明了一种和真苍蝇几乎同样大小的“苍蝇机器人”。据报道，“苍蝇机器人”是哈佛大学的科学家秘密研制而成的，并得到了美国国防高级研究计划局的赞助。它主要由碳纤维制成，体重只有 60 毫克，和真苍蝇几乎同样大小，而翼展也仅仅有 3 厘米，比手指头还短（如图）。

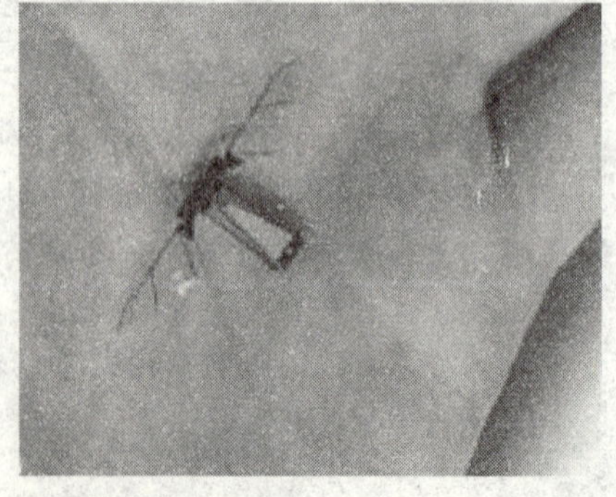
◆迷你苍蝇特工

日前，“苍蝇机器人”进行了首次成功试飞。“苍蝇机器人”每次大约只能持续飞 5 分钟，飞行距离有限。而且，它

只能沿着一个方向飞行。据悉，科学家们正在研制可以控制“苍蝇机器人”飞行方向的微型机构。据研究人员称，“苍蝇机器人”是典型的仿生学产品，其飞行运动原理和真的苍蝇非常相似。别看“苍蝇机器人”体积小，用途却十分广泛，它可以应用于间谍活动。在茂密的山区搜捕隐藏的恐怖分子，在废墟成片的地震灾区搜救幸存人员，侦测有毒化学物质等等。

拓展思考

1. 什么是复眼？
2. 苍蝇为什么能够不用跑道直接起飞？
3. 苍蝇满身细菌为什么不生病？
4. 什么是苍蝇机器人，它是用来干什么的？

# 流星蝴蝶剑秘笈
## ——蝴蝶宝贝

蝴蝶种类繁多，色彩斑斓，五彩的翅膀不仅是蝴蝶觅偶的资本，更是一把保护伞，它生活在与其翅膀颜色相一致的环境中就不容易被天敌发现，甚至可以根据环境来调节体色以达到保护目的。其鳞翅的质地还是其调节体温的天然空调。这样说来，蝴蝶还真是一个聪明的动物。那么，我们应该向它学习点什么呢？

◆色彩斑斓的蝴蝶



## 五彩斑斓的秘密

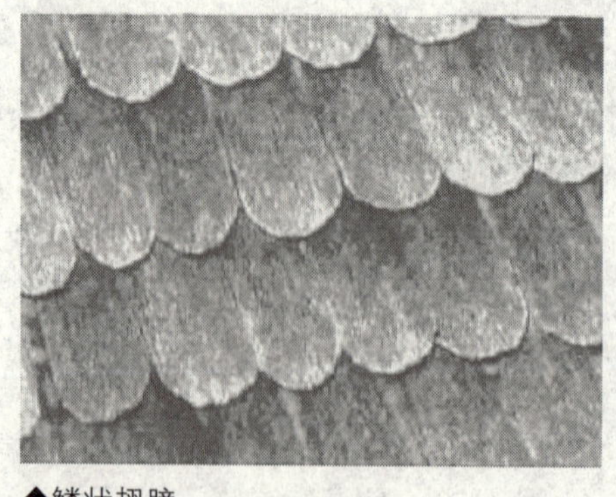
◆鳞状翅膀

蝴蝶因为其翅膀上变化多端、绚烂美丽的花纹而使人着迷。这也让生物学家们感到疑惑：蝴蝶令人眼花缭乱的颜色是如何形成的，又有什么不同的意义呢？荷兰格罗宁根大学物理学博士希拉尔多终于发现了解决这个问题的通道。在研究了菜粉蝶和其他蝴蝶翅膀的表面后，希拉尔多揭示了这个秘密。

19 世纪英国博物学家亨利·贝兹花了 11 年时间在亚马孙河收集到了 14000 多种动物标本，其中也包括多种蝴蝶。他曾经这样说：了解这些动

物能帮助我们揭示生命的力量。而蝴蝶，这种被认为浅薄轻佻的昆虫则将成为生物学中最有价值的精灵。

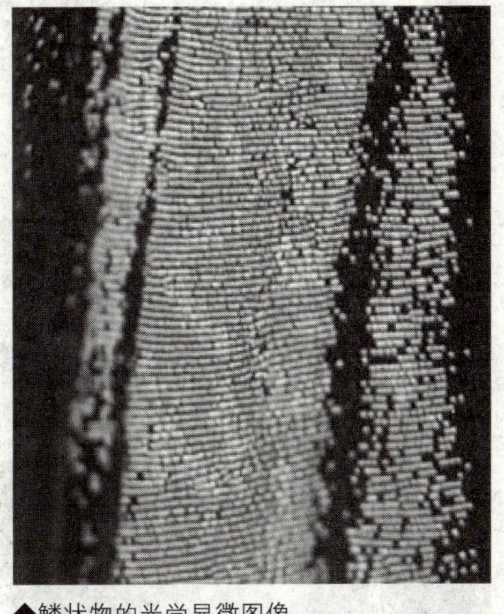

◆鳞状物的光学显微图像

如今，人类发现的蝴蝶品种已经超过了17000个。它们中的绝大部分都有与众不同的翅膀，有的似精美的刺绣，有的如闪烁的彩屏。研究表明，蝴蝶翅膀上炫目的色彩来自一种微小的鳞片状物质，它们就像圣诞树上小小的彩灯，在光线的照耀下能折射出斑斓的色彩。

和电脑显示屏的成像原理一样，蝴蝶也是用单色斑点组成一幅完整的图案，每一个有色的鳞片来自一个细胞。它在整幅图案中扮演一个像素。细胞上的颜色来自细胞内的类黄酮、黑色素等化学物质。这些细胞也有寿命，它死亡以后，那些曾经绚丽的颜色也随之消逝。

◆蝴蝶翅膀上类似眼睛的花纹

研究发现，蝴蝶翅膀上构成图案的细胞在其幼虫时期就已经存在。20世纪70年代，英国科学家菲德里克·莱奥特通过对一个幼虫进行的微型手术证明了这一点。莱奥特研究的非洲彩蝶有一对漂亮的翅膀，其花纹看上去活像一对公牛的眼睛。莱奥特说，那样的花纹在蝴蝶还是蛹的时候就已经露出了端倪。

希拉尔多强调，蝴蝶翅膀上的颜色其实就是一个身份标志。不同颜色的翅膀，让形色万千的蝴蝶能在很远的地方就识别出同伴。那么，蝴蝶是如何拥有这些漂亮的色彩呢？希拉尔多将研究对象瞄准了菜粉蝶。

这种属于鳞翅目粉蝶科的菜粉蝶体型中等，体长15～19毫米，翅展35～55毫米。受到不同生活环境的影响，不同菜粉蝶身上的色泽有深浅的

◆艳妇菜粉蝶

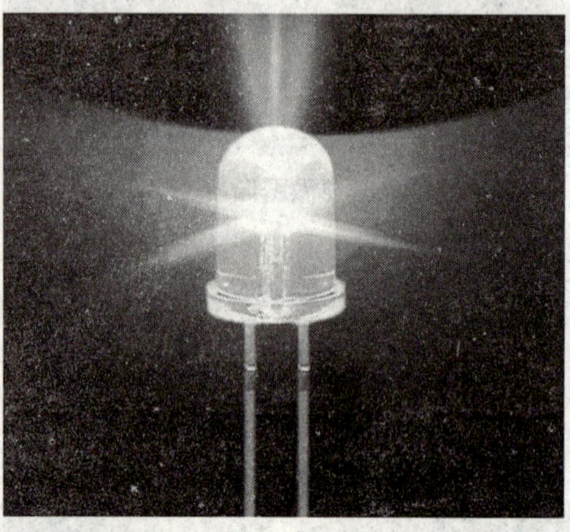
◆发光二极管

◆雄性呈黄色，并带有黑色斑痕，后翅各具一枚尾突

变化，斑纹也会有大有小。通常来说，在高温下生长的个体，翅面上的黑斑色深显著而翅里的黄鳞色泽鲜艳；反之在低温条件下发育成长的个体则黑鳞少而斑形小，或完全消失。

当然，这位物理学家以菜粉蝶作为研究对象的原因是，它们拥有的色素颜色单一。通过电子显微镜的观察，他发现这些菜粉蝶翅膀的结构非常奇特。希拉尔多发现，尽管不同种类的蝴蝶，鳞粉结构不同，但彼此之间还是有共同特征的。一般来说，蝴蝶翅膀由两层仅 3～4 微米厚的鳞片组成，上面一层鳞片像微小的屋瓦一样交替，每个鳞片的构造也很复杂。而下一层则比较光滑。蝴蝶翅膀这种井然有序的安排形成了所谓的光子晶体，也就是纳米结构。通过这种结构，蝴蝶翅膀能捕捉光线，仅让某种波长的光线透过。这便决定了不同的颜色。

翅膀的这种结构还能用于区别雌雄，此前的研究资料可以为这项结论提供佐证：在 2005 年，科学研究人员在非洲发现一种蝴蝶，其翅膀鳞粉中所含的物质，就与利用最新纳米技术开发出的发光二极管材料具有相同的晶体结构。不过更重要的是，希拉尔多还发现，这种纳米结构不仅让蝴蝶拥有了不同的颜色，同时也能区别出性别。在菜粉蝶群落中，由于“种族”的不同，有时也会出现一些奇怪的现象。比如日本菜粉蝶，雌雄易辨，而欧洲的菜粉蝶，雄粉蝶经常找错对象。这也是蝴蝶翅膀上的纳米结构在“作祟”。

◆后翅具尾突的蝴蝶

鳞粉能将逃逸的光线高效折射回表面。这种独特结构能使光折射率各异的物质在纳米层次有规则地排列，从而高效地让特定颜色的光透过或者将其“拦截”。日本菜粉蝶雄雌个体之间，色素构成有着细微的区别。雌性日本菜粉蝶缺少一种特殊的色素颗粒，而这种色素颗粒是利于吸收紫外线的。由于这一缺失，菜粉蝶翅膀的纳米结构反映出的色彩就会有差异，因循着这一线索，雄性个体很快就能找到它们的伴侣。

## 蝴蝶鳞翅里的秘密

◆蝴蝶的鳞翅

英国埃克塞特大学薄膜光子实验室的物理学家乌维西克和另外两名同事，研究一种名叫大凤蝶的蝴蝶翅膀，这个蝴蝶的翅膀颜色本来是有黄有蓝，但是在人眼里就成为闪闪发光的绿色。他们用显微镜观察大凤蝶翅膀，发现蝴蝶翅膀上竟然布满了下凹的小坑，这些小坑太小，尺寸只有大约万分之四厘米，小坑底是黄色，而坑的斜坡是蓝色的。乌维西克用如下方式来解释为什么在人看来大凤蝶的翅膀是绿色的：当光线照射到坑底时，它被反射而呈黄色，而照射到小坑一个斜坡的光线也被反射，但此反射光线又入射到另一斜坡再被反射，此时由于小坑太小，人眼无法将从坑底反射的黄色光与周围两次反射的蓝色光区分开来，从而感觉到的是绿色。另外他们还发现，这两次反射也改变了光的极化方向，人眼无法区别这一改变，但是蜜蜂等昆虫却能察觉。要解释光的极化方向还真需要点专门知识，浅显但不太精确的解释就是光子在电磁场中振动的方向。

换了我们常人，发现这些奥妙，大概也无非是赞叹造化的神奇，此外则一筹莫展了。然而乌维西克等人却想到假币。他们目前正在研究如何仿照大凤蝶翅膀的结构，在纸币或信用卡上也布满小坑，这样无论制造伪钞者将假币印制得在外表上多么与真币相似，他们绝没有技术也在假币上布满分布和大小都与真币一样的小坑，只要用专门的光学设备发出极化光一照，看看反射光的极化方向，就会真假立现，我们辛辛苦苦挣来的那点血汗钱也就再不会被骗子骗走了。你看，蝴蝶翅膀还真的能帮我们的大忙呢！



## 伪装术

◆军事上的仿伪术

科学家通过对蝴蝶色彩的研究，为军事防御带来了极大的裨益。在第二次世界大战期间，德军包围了列宁格勒，企图用轰炸机摧毁其军事目标和其他防御设施。苏联昆虫学家施万维奇根据当时人们对伪装缺乏认识的情况，提出利用蝴蝶的色彩在花丛中不易被发现的道理，在军事设施上覆盖蝴蝶花纹般的伪装。因此尽管德军费尽心机，但列宁格勒的军事基地仍安然无恙，为赢得最后的胜利奠定了坚实的基础。根据同样的原理，后来人们还生产出了迷彩服，大大减少了战斗中的伤亡。

## 天然空调

◆百叶窗

人造卫星在太空中由于位置不断变化可引起温度骤然变化，有时温差可高达200℃～300℃，严重影响许多仪器的正常工作。科学家们受蝴蝶身上的鳞片会随阳光的照射方向自动变换角度而调节体温的启发，将人造卫星的控温系统制成了叶片正反两面辐射、散热能力相差很大的百叶窗样式，在每扇窗的转动位置安装有对温度敏感的金属丝，随温度变化可调节窗的开合，从而保持了人造卫星内部温度的恒定，解决了航天事业中的一大难题。而且，人们还模仿蝴蝶的这项“特异功能”制造出百叶扇。

### 蝴蝶仿生——人民币防伪

光变油墨是当今最有效的高科技防伪油墨之一，印刷图案具有流光溢彩的金属光泽，在自然光下随着人眼视角的改变，会呈现两种或三种不同的颜色，色差变化明显，比如：红—绿、绿—蓝、红—金等。图案用高清晰度扫描仪、彩色复印机或其他设备无法复制，防伪性极强；并且光变油墨具有便于识别、持久性好、使用方法简单、适用范围广、无毒、无辐射等优点，是世界公认的高防伪性安全油墨。第五套人民币100元和50元正面左下方的面额数字采用了光变油墨印刷，当与票面垂直观察时，“100”为绿色，“50”为金色，而倾斜一定角度时则分别变为蓝色和绿色。

# 听音辨位夹苍蝇
# ——蝙蝠与雷达

我们知道蝙蝠都是在夜间行动的，漆黑的夜空里，它是靠什么来指引方向的？眼睛？鼻子？还是另有高招？今天就让我们一同走进蝙蝠的“漆黑”世界吧。

## 蝙蝠的私生活



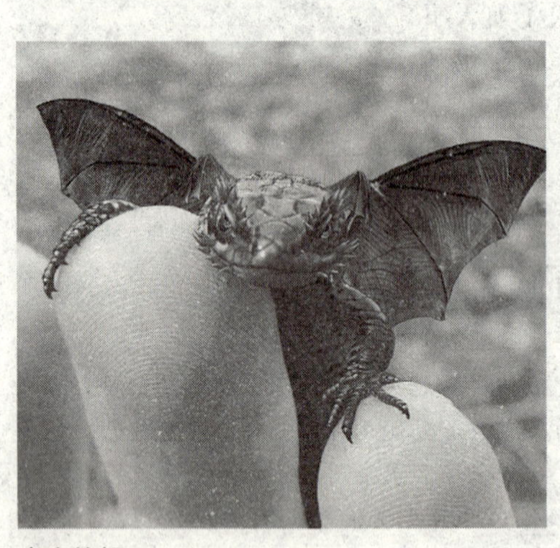
◆小蝙蝠

在炎热的夏季，一只雌蝙蝠生出一只发育相当完全的幼体。初生的小蝙蝠长满了绒毛，用爪牢固地挂在母体的胸部吸乳，在母体飞行的时候也不会掉下来。就这样吸允着母液的小蝙蝠一天天地长大了。

蝙蝠善于在空中飞行，能作圆形转弯、急刹车和快速变换飞行速度等多种“特技飞行”。白天则隐藏在岩穴、树洞或屋檐的空隙里；黄昏和夜间飞翔空中，捕食蚊、蝇、蛾等昆虫。

蝙蝠用于飞翔的两翼结构和鸟翼不相同，是由联系在前肢；后肢和尾之间的皮膜构成的。前肢的第二、三、四、五指特别长，适于支持皮膜；第一指很小，长在皮膜外，指端有钩爪；后肢短小，足伸出皮膜外，有五趾，趾端有钩爪。休息时常用足爪把身体倒挂在洞穴里或屋檐下，在树上或地上爬行时依靠第一指和足抓住粗糙物体前进。蝙蝠的骨很轻，胸骨上

也有与鸟的龙骨突相似的突起，上面长着牵动两翼活动的肌肉。

◆蝙蝠

蝙蝠的口很宽阔，口内有细小而尖锐的牙齿，适于捕食飞虫。它的视力很弱，但是听觉和触觉却很灵敏。实验证明，蝙蝠主要靠听觉来发现昆虫。蝙蝠在飞行时喉内能够产生超声波，超声波通过口腔发射出来。当超声波遇到昆虫或障碍物而反射回来时，蝙蝠能够用耳朵接受，并能判断探测目标是昆虫还是障碍物，以及距离它有多远。人们通常把蝙蝠的这种探测目标的方式叫作“回声定位”。蝙蝠在寻食、定向和飞行时发出的信号是由类似语言音素的超声波音素组成。蝙蝠必须在收到回声并分析出这种回声的振幅、频率、信号间隔等的声音特征后，才能决定下一步采取什么行动。

◆信号干扰的后果

◆蝙蝠的声波

靠回声测距和定位的蝙蝠只发出一个简单的声音信号，这种信号通常是由一个或二个音素按一定规律反复地出现而组成。当蝙蝠在飞行时，发出的信号被物体弹回，形成了根据物体性质不同而有不同声音特征的回声。然后蝙蝠在分析回声的频率、音调和声音间隔等声音特征后，决定物体的性质和位置。

什么是雷达？

蝙蝠大脑的不同部分能截获回声信号的不同成分。蝙蝠大脑中某些神经元对回声频率敏感，而另一些则对两个连续声音之间的时间间隔敏感。大脑各部分的共同协作，使蝙蝠对反射物体的性状作出判断。蝙蝠用回声定位来捕捉昆虫的灵活性和准确性是非常惊人的。有人统计，蝙蝠在几秒钟内就能捕捉到一只昆虫，一分钟可以捕捉十几只昆虫。同时，蝙蝠还有惊人的抗干扰能力，能从杂乱无章的充满噪声的回声中检测出某一特殊的声音，然后很快地分析和辨别这种声音，以区别反射音波的物体是昆虫还是石块，或者更精确地决定是可食昆虫，还是不可食昆虫。当2万只蝙蝠生活在同一个洞穴里时，也不会因为空间的超声波太多而互相干扰。

视野扩扩扩

**雷达**

雷达是一种神奇的电学器具，它由电磁波往返时间，测得阻波物的距离。假如你问雷达是谁发明的？在芬克的雷达机械中说，“雷达的发明，不能专归于某一位科学家，乃是许多无线电学工程师努力研究，加以调准而成。”在战时，美国麻省理工学院由500位科学家和工程师致力于雷达的研究。在自然界中，你能找得到专为某种动物所预备的雷达吗？



## 蝙蝠的启示

◆雷达

蝙蝠回声定位的精确性和抗干扰能力，对人们研究提高雷达的灵敏度和抗干扰能力有重要的参考价值。

美国生物学家格利芬和迦朗包在1940年已经证明，蝙蝠能够如此精确地定位和抗干扰，是藉一种天然雷达，不过是声波代替电磁波，在原理方面完全相仿。从蝙蝠口中发出这种频率极高的声波，超过人类听觉范围以外，两位科学家藉着一种特制的电力设备，在蝙蝠飞行时将它所发的高频率声波记录出来。这种声波碰到墙上必然折回，它的耳膜

就能分辨障碍物的距离远近，而向适宜方向飞去。蝙蝠传输声波也像雷达一样都是相隔极短的时间而且极有规则，并且每只蝙蝠有其固有的频率，这样蝙蝠可分清自己的声音，不至发生扰乱。因这缘故，蝙蝠飞行之时常是张口，假如你将它口紧闭，它便失去指挥作用，假如堵上它的耳朵便要撞到墙上，无法飞行。这个有趣的实验，道破了它的秘密。

1. 蝙蝠为什么能在黑夜里飞行而不互相碰撞?
2. 蝙蝠与真正的雷达在工作原理上有什么区别?
3. 蝙蝠是靠什么器官发射“信号”的?
4. 蝙蝠对雷达有什么贡献?

# 我要飞得更高
# ——小鸟与扑翼机

能够自由自在地翱翔天空，向来是鸟类的专利。人们只能抬起来头，憧憬着，梦想着自己有一天也能够插上翅膀，鸟瞰地球，抗拒地心引力。然而这终究也只是梦而已。但是，科学就是一次又一次的创造奇迹，实现你的梦想。



## 飞行之梦

◆鸟儿

鸟儿展翅可在空中自由飞翔。据《韩非子》记载，鲁班用竹木作鸟“成而飞之，三日不下”。然而人们更希望仿制鸟儿的双翅使自己也飞翔在空中。人类在尝试飞行的初期，一直是很直观地模仿鸟类，用各种鸟羽或其他物品制成翅膀，“安装”在人的身上。在经历了许多次失败之后，人类逐渐认识到单靠利用羽翅是不能飞行的，于是开始寻找一种机械的方式。扑翼机就是这个阶段的产物。最早的扑翼机也许就是英国的修道士罗杰·培根在1250年发表的《工艺和自然的奥秘》一文中所记述的：“供飞行用的机器，上坐一人，靠驱动器械使人造翅膀上下扑打空气，尽可能地模仿鸟的动作飞行。”15世纪初，是欧洲文艺复兴时期的文艺、科学巨擘意大利的达·芬奇，对飞行抱有热忱，他也是研究扑翼机的著名人物。他的具体设想为：人俯卧在扑翼机中部，脚蹬后顶板，手扳

前部装有鸟羽的横杆，就像划桨一样扇动空气，推动飞行。这个方案是达·芬奇研究了鸟翅、利用物理和解剖知识而设想出来的。可惜的是，这一设计图夹在他的书本里，当时并不为人们所知，当然更谈不上实用。直到几百年以后，才有人从他的书中发现了这个设计图，因此它只能作为一件文物而流传于世。

◆扑翼机

真正试验过扑翼机械的，恐怕要算是法国的一位叫贝尼埃的锁匠了。那是在公元1670年的时候，他制造了一种叫“飞行十字架”的扑翼机。这种机械是在一个十字形的支架上，各装一片可以扑动的翼片，翼片用绳子和脚相连。飞行时把十字架扛在肩上，然后用脚驱动翼片，扑翼而飞。据说，贝尼埃曾用这种“飞行十字架”飞过一条小河。但现今的飞行家认为，这种飞行机械是难以飞成的，它的扑翼功能也远远落后于达·芬奇的设计。说他飞过小河，那最多是条小溪，而且他决不会是靠扑翼的方式飞过河，很大的可能是利用了脚的冲力，冲过了小溪流。

◆达·芬奇自画像

扑翼机的失败促使飞行家去思考，到底是人造的扑翼机技术

◆鹤

◆蜂鸟

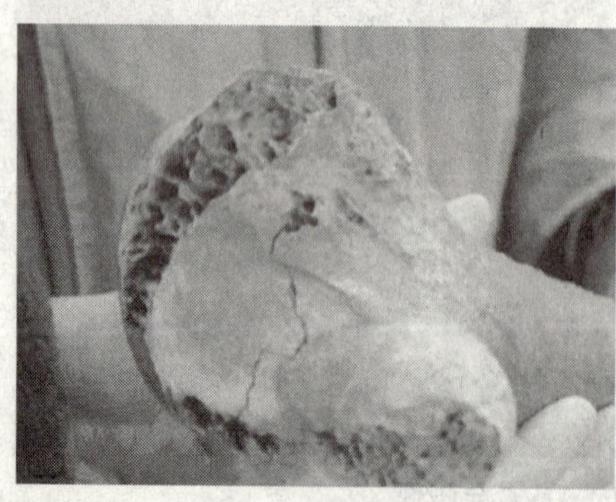
◆鸟骨结构

不到家，还是先天不足？经过长期的观察和研究，人们终于明白：扑翼飞行是鸟和飞虫得天独厚的“专利”，人造的机械望尘莫及。

在长期的进化过程中，鸟儿和昆虫整个生理构造都适应了扑翼飞行。鸟儿和昆虫的翅膀扑动时频率是相当高的。而且自身重量越小的，翅膀扑动的频率越高，飞得就越好。小小的摇蚊在一秒钟里翅膀可以振动 900 次，蜜蜂的双翅每秒钟也可以振动 260 次。世界上最小的鸟——蜂鸟，它每秒钟翅膀扑动的次数约 50 次，而它的体重却只有两三克，因此在鸟类中它飞得最好，不仅飞得快，而且可以在空中悬停。鸽子飞得也不错，它的翅膀每秒钟扑动 5 次左右。体重较大的海鸥飞得较差，它每秒钟双翅扑动约 3 次。鹤的体重更大，扑动频率只有每秒一次，飞得就较笨了。

鸟的生理结构还有一个特点适应飞行：骨头特别轻。它的骨头不仅空心，而且实心的骨架也是像泡沫塑料那样呈多孔状。同样体积的一段腿骨，鸟的比兽和人的要轻 1/3。而且鸟的胸骨特别发达，胸肌占全身重量的 1/5，这就为它的“发动机”提供了更多的燃料，更高的频率。

另外，鸟类还拥有一个非常适合飞行的外型，从而使它飞行时阻力最小。鸟的整个身子像个梭子，是流线型的。飞行时它的两脚会缩到腹部羽毛之内，保持外型平滑。这样的外形是适合飞行的最理想的外形。人类没有这样的体形，当然飞行时的阻力就大。不过飞行机械倒可以仿照鸟的外形去设计。从这点来看，人类学鸟那样扑翼飞行尽管是失败了，但是从鸟的外形来看，它倒是人类学习飞行的理想“模特儿”。它启示人们，未来的飞行机械的外形必定是鸟形的。

◆非洲鸟的流线体型



## 飞机诞生

在“飞行之梦”的旅程上，人们虽然遇到了许许多多的困难，但是并没有因为这一系列的困难而止步不前。人们经过不断探索和研究，终于在 1903 年由美国莱特兄弟驾驶一架飞机成功地飞上天空，之后人们才正式宣告：飞行之路终于畅通了。后又经过不断改进，飞机不论在速度、高度和飞行距离上都超过了鸟类，显示了人类的智慧和才能。但是在继续研制能飞得更快更高的飞机时，设计师又碰到了一个难题，就是气体动力学中的颤振现象。当飞机飞行时，机翼发生有害的振动，飞行越快，机翼的颤振越强烈，甚至使机翼折断，造成飞机坠落，许多试飞的飞行员因此而丧生。飞机设计师们为此花费了巨大的精力研究如何消除有害的颤振现象，经过长期的努力才找到解决这一难题的方法。

◆莱特兄弟

1. 什么是扑翼机?
2. 鸟类为了利于飞行实现了哪些结构上的进化?
3. 鸟的形体为什么有利于飞行?
4. 真正实现人类飞行梦想的科学家是谁?

# 竹蜻蜓的灵感
# ——蜻蜓与直升飞机

相信大家小时候都玩过竹蜻蜓吧，双手轻轻一捻，小螺旋桨就自己飞到了天空中。竹蜻蜓是蜻蜓的仿制品，但是就这样一个小小的玩意儿，却成了直升飞机的鼻祖，而且其发展速度一发而不可收……

## 竹蜻蜓与达·芬奇

据可查的历史资料记载，晋朝葛洪所著的《抱朴子》一书中解释它道：其利用螺旋桨的空气动力实现垂直升空。竹蜻蜓正演示了现代直升机旋翼的基本工作原理。这种玩具于14世纪传到欧洲，欧洲人将它作为航空器来研究和发展。“英国航空之父”乔治·凯利曾制造过几个竹蜻蜓，用钟表发条作为动力来驱动旋转，飞行高度曾达27米。

◆竹蜻蜓

15世纪达·芬奇的画是世界上最早的直升机设计方案图。大概也想仿照当时的提水机械，以阿基米德螺线形状的翼面在空气中旋转，实现把人垂直提升到空中的构想。在古代，生产力和科技水平低下，当然不能造出实际的直升机，然而中国人的竹蜻蜓和意大利人达·芬奇的直升机方案图画，为现代直升机的发明提供了启示，指出了正确的思维方向，它们被公认是直升机发展史的起始点。

随着生产力的发展和人类文明的进步，直升机的发展由幻想时期进入

◆达·芬奇设计的直升机

了探索时期。欧洲产业革命之后，机械工业迅速崛起，尤其是本世纪初汽车和轮船的发展，为飞行器准备了发动机和可供借鉴的螺旋桨。经过航空先驱者们勇敢而艰苦的创造和试验，1903 年莱特兄弟创造的固定翼飞机滑跑起飞成功。在此期间，尽管在发展直升机方面他们付出了很多的艰辛和努力，但由于直升机技术的复杂性和发动机性能不佳，它的成功飞行比飞机迟了 30 多年。

蜻蜓通过翅膀振动可产生不同于周围大气的局部不稳定气流，并利用气流产生的涡流来使自己上升。蜻蜓能在很小的推力下翱翔，不仅可向前飞行，还能向后和左右两侧飞行，其向前飞行速度可达每小时 72 千米。此外，蜻蜓的飞行行为简单，仅靠两对翅膀不停地拍打。科学家据此结构基础成功研制了直升飞机。飞机在高速飞行时常会引起剧烈振动，甚至有时会折断机翼而引起飞机失事。于是人们仿效蜻蜓在飞机的两翼加上了平衡重锤，解决了因高速飞行而引起振动这个令人棘手的问题。

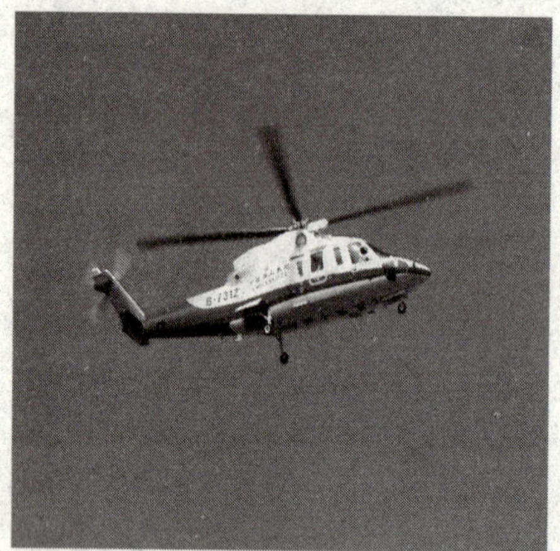
◆直升飞机

◆蜻蜓

## “英国航空之父”——乔治·凯利

◆凯利（1773—1857 年）

鸟翅膀的扇扑动作、稳定方式极为复杂，即使在航空技术相当发达的今天，也造不出有实用价值的仿鸟飞行器。因此，人类要想升空飞行，必须彻底摆脱单纯地模仿鸟类的设计思想。

凯利，生于英格兰约克郡斯卡巴勒。他从小就对飞行有着浓厚兴趣。他对鸟的飞行进行长期观察后，得出一个极其重要的认识：鸟翅膀的复杂结构和运动是人类无法模仿的，它的扇扑能同时产生升举和推进两种功能，因此人类要想升空飞行，必须走机械飞行之路。就是说，将鸟翅膀的升举与推进功能分开，用固定翼产生升力，用螺旋桨产生推进力。这种定翼机设计思想，成为航空史上的一个重大转折。

◆凯利设计的直升机，最高升到 30 米

接着，为了研究产生升力的特性，凯利测量了鸟翼面积、鸟的重量和飞行速度，并在此基础上估算速度、翼面积和升力之间的关系。1804 年 12 月，他设计和制造了一架旋翼机模型。利用这个装置，他得出了升力与速度的数据。而在推进力方面，他认识到飞行器的流线型外形有助于减小阻力。

凯利一生中设计了多架滑翔机，并进行过载人试飞。他最主要的理论反映在其著作《关于空中的航行》中。这本书为后来的飞行器研究者提供了重要的经验。

1. 世界上最早的直升飞机设计图是谁绘制的?
2. 蜻蜓怎样解决高速起飞的震动问题?
3. 英国的航空之父是谁?
4. 凯利对飞机的设计有哪些创新想法?

# 顺风耳
# ——水母的耳朵与风暴预测仪

头脑简单，四肢发达，这可以说是水母形体的真实写照。看似透明简单的身体，竟然能够预测暴风雨。它里面究竟藏着什么样的先进“武器”？上天赋予了它怎样的特权，使它能够在纷繁复杂的海洋里自由自在地生活？今天就让我们一起走进水母的世界吧。

## 水母

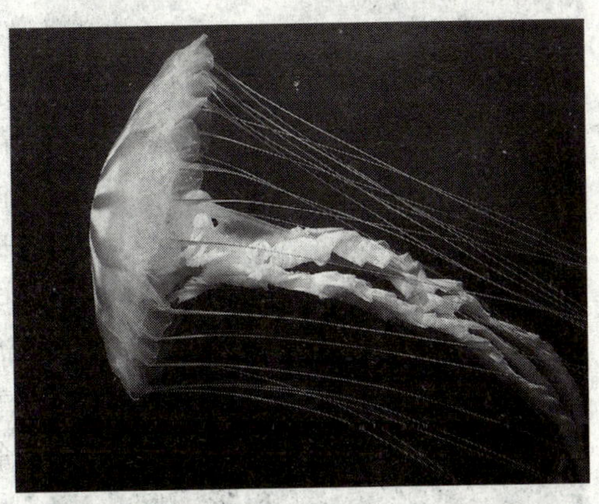
◆水母

水母，是海洋中重要的大型浮游生物。水母寿命很短，平均只有数个月。水母是无脊椎动物属于腔肠动物门中的一员。水母身体外形像一把透明伞，浮动在水中时向四周伸出长长的触手，有些水母的伞状体还带有各色花纹。在蓝色的海洋里，这些游动着的色彩各异的水母显得十分美丽。水母的出现比恐龙还早，可追溯到6.5亿年前。水母的种类很多，全世界大约有250种左右，直径从10～100厘米之间，常见于各地的海洋中。我国常见的约有8种，即海月水母、白色霞水母、海蜇、口冠海蜇等。人们往往根据它们伞状体的不同来分类：有的伞状体发银光，叫银水母；有的伞状体则像和尚的帽子，就叫僧帽水母；有的伞状体仿佛是船上的白帆，叫帆水母；有的宛如雨伞，叫作雨伞水母；有的伞状体上闪耀着彩霞的光芒，叫作霞水母……它们的寿命大多只有几个星期，也有的可活到一年左右，有些深海的水母可活得更长些。普通水母的伞状体不很大，只有 20～30 厘米长，但体形较大的霞水母的巨伞直径可达 2 米，下垂的触手长达 20～30 米。1865 年，在美国马萨诸塞州海岸，有一只霞水母被海浪冲上了岸，它的伞部直径为 2.28 米，触手长 36 米。把这个水母的触手拉开，从一条触手尖端到另一条触手的尖端，竟有 74 米长。因此，可以说霞水母是世界最长的动物了。

◆水母造型的收音机

◆僧帽水母

水母身体的主要成分是水，并由内外两胚层所组成，两层间有一个很厚的中胶层，不仅透明，而且有漂浮作用。它们在游动时利用体内喷水反射前进，远远望去，就好像一顶圆伞在水中迅速漂游。当水母在海上成群出没的时候，紧密地生活在一起像一个整体似的漂浮在海面上，显得十分壮观。海涛如雪，蔚蓝的海面点缀着许多优美的伞状体，闪耀着微弱的淡绿色或蓝紫色光芒，有的还带有彩虹般的光晕。许多水母都能发光。细长的触手向四周伸展开来，跟着一起漂动，色彩和游泳姿态美丽极了。水母的伞状体内有一种特别的腺，可以发出一氧化碳，使伞状体膨胀。当水母遇到敌害或遇到大风暴的时候，就会自动将气放掉，沉入海底。海面平静后，它只需几分钟就可以生产出气体让自己膨胀并漂浮起来。栉水母在海中游动时，8 条子午管可以发射出蓝色的光，发光时栉水母就变成了一个光彩夺目的彩球；带水母的周围和中

间部分，分布着几条平行的光带，当它游动的时候，光带随波摇曳，非常优美。水母发光靠的是一种叫埃奎明的奇妙的蛋白质，这种蛋白质和钙离子相混合的时候，就会发出强蓝光来。埃奎明的量在水母体内越多，发的光就越强，这种物质每只水母平均只含有 50 微克。

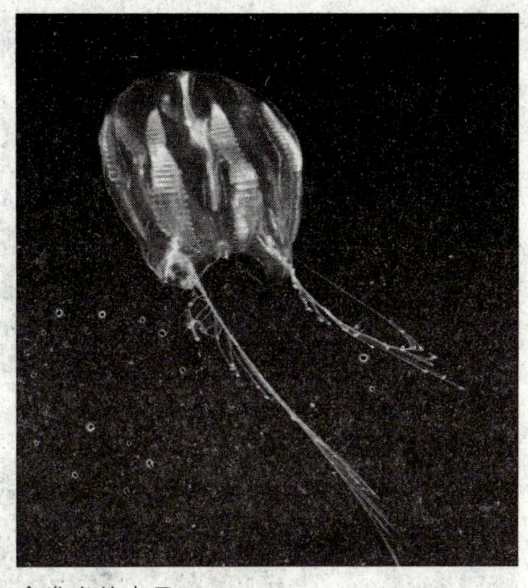

◆发光的水母

水母虽然长相美丽温顺，其实十分凶猛。在伞状体的下面，那些细长的触手是它的消化器官，也是它的武器。在触手的上面布满了刺细胞，像毒丝一样，能够射出毒液，猎物被刺螫以后会迅速麻痹而死。触手就将这些猎物紧紧抓住，缩回来，用伞状体下面的息肉吸住，每一个息肉都能够分泌出酵素，迅速将猎物体内的蛋白质分解。因为水母没有呼吸器官与循环系统，只有原始的消化器官，所以捕获的食物立即在腔肠内消化吸收。在炎热的夏天里，当我们在海边弄潮游泳时，有时会突然感到身体的前胸、后背或四肢一阵刺痛，有如被皮鞭抽打的感觉，那准又是水母作怪在刺人了。不过，一般被水母刺到，只会感到炙痛并出现红肿，只要涂抹消炎药或食用醋，过几天即能消肿止痛。但是在马来西亚至澳大利亚一带的海面上，有两种分别叫作海蜂水母（箱水母）和曳手水母的，其分泌毒液的毒性很强，如果被它们刺到的话，在几分钟之内就会因呼吸困难而死亡，因此它们又被称为杀手水母。当被水母刺伤发生呼吸困难的现象时，应立即实施人工呼吸，或注射强心剂，千万不可大意，以免发生

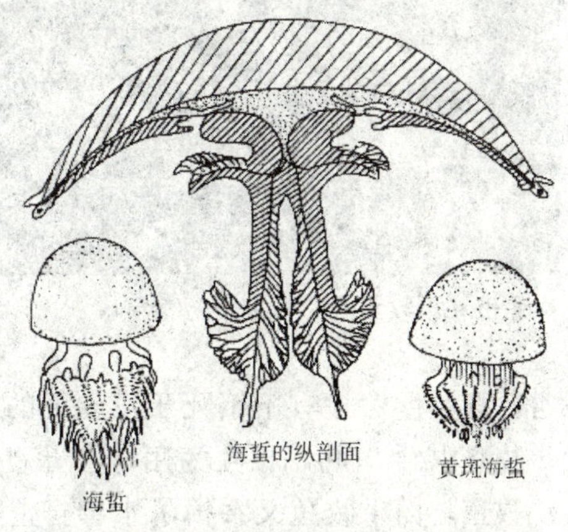


◆水母的纵剖图

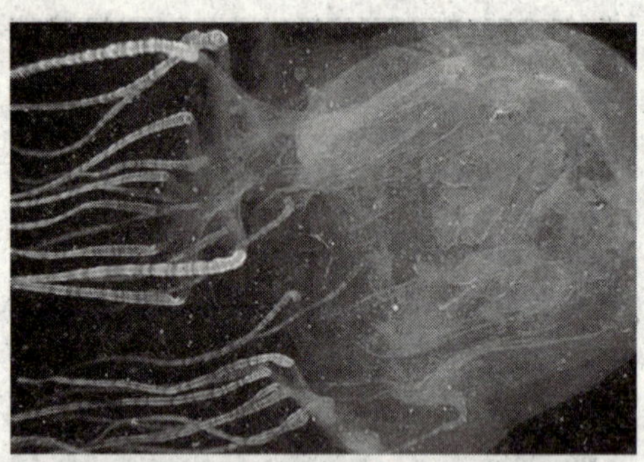
◆美丽的杀手

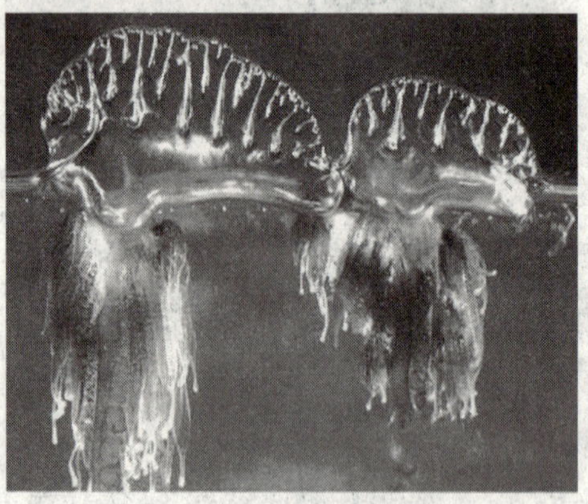
◆水母和小牧鱼

意外。水母一旦遇到猎物，从不轻易放过。

就像犀牛和为它清理寄生虫的小鸟共存一样，水母也有自己的共生伙伴。这就是一种小牧鱼，体长不过 7 厘米，可以随意游弋在水母的触须之间，却一点儿也不感到害怕。遇到大鱼游来，小牧鱼就游到巨伞下的触手中间去，当作一个安全的“避难所”，利用水母刺细胞的装置，巧妙地躲过了敌害的进攻。有时，小牧鱼甚至还能将大鱼引诱到水母的狩猎范围内使其丧命，这样还可以吃到水母吃剩的零渣碎片。那么水母触手上的刺细胞为什么不伤害小牧鱼呢？这是因为小牧鱼行动灵活，能够巧妙地避开毒丝，不易受到伤害，只是偶然也有不慎死于毒丝下的。水母和小牧鱼共生一起，相互为用，水母“保护”了小牧鱼，而小牧鱼又吞掉了水母身上栖息的小生物。

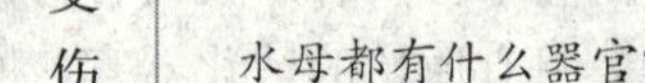
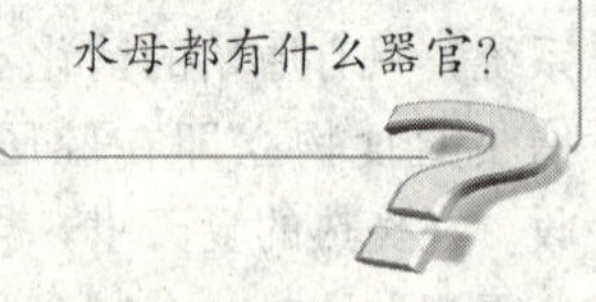


## 水母的顺风耳

“燕子低飞行将雨，蝉鸣雨中天放晴。”生物的行为与天气的变化有一定关系。沿海渔民都知道，生活在沿岸的鱼和水母成批地游向大海，就预示着风暴即将来临。这是为什么呢？经研究发现，水母触手中间的细柄上有一个小球，里面有一粒小小的听石，这是水母的“耳朵”。原来，在蓝色的海洋上，由空气和波浪摩擦而产生的次声波（频率为每秒 8～13 次），总是风暴来临的前奏曲。这种次声波人耳无法听到，小小的水母却很敏感。于是，它们就好像接到了命令似的，从海面一下子全部消失了。

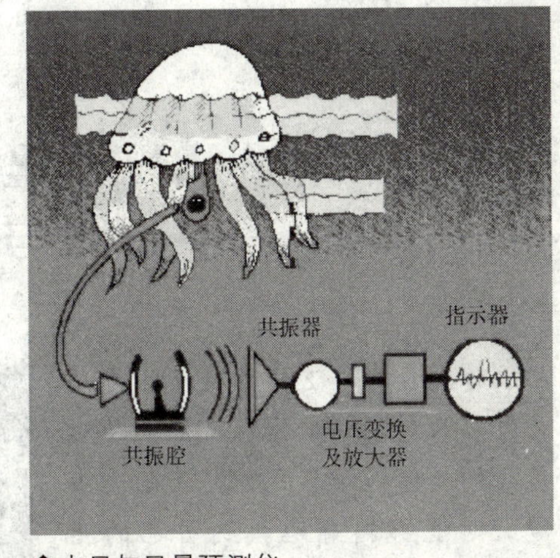

◆水母与风暴预测仪

仿生学家仿照水母耳朵的结构和功能，设计了水母耳风暴预测仪，相当精确地模拟了水母感受次声波的器官。把这种仪器安装在舰船的前甲板上，当接受到风暴的次声波时，可令旋转 360°的喇叭自行停止旋转，它所指的方向就是风暴前进的方向；指示器上的读数即可告知风暴的强度。这种预测仪能提前 15 小时对风暴作出预报，对航海和渔业的安全都有重要意义。

1. 水母和小牧鱼是什么关系？
2. 水母为什么能够预测风暴？

# 千里眼
# ——蛙眼与电子蛙眼

你是否有过这样的疑问？青蛙为什么只对动的物体有反应，而对静止的物体视而不见呢？而且飞虫漫天时能够精确地找到自己的猎物。是什么样的天赋让它具备如此的特异功能呢？今天，就让我们一起走进蛙眼的世界……

◆精神抖擞的蛙眼

克隆与仿生

## 特异的蛙眼

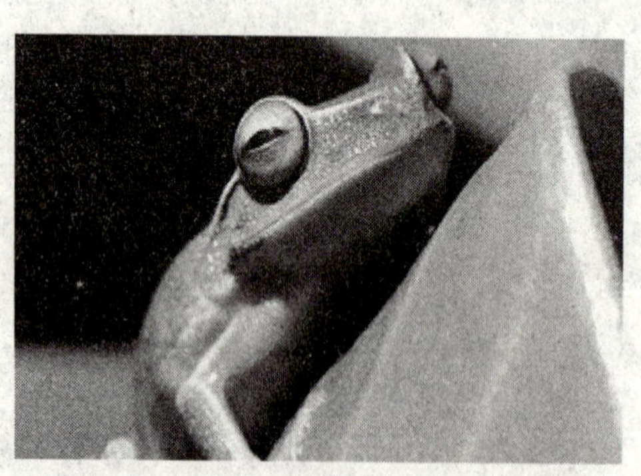
◆迷离的蛙眼

一只青蛙蹲在稻田里一动不动，只是偶尔眨动一下那凸凸的眼睛，在它眼前禾秆上停着一只蛾子，它竟然熟视无睹。可是，蛾子刚一展翅起飞，青蛙就以迅雷不及掩耳之势，向上猛地一跳，张开大嘴，翻出舌尖，一下子粘住蛾子，“勾”进嘴里。眼快腿快嘴快，真叫人佩服得五体投地。

青蛙为什么能这样闪电般捕食呢？因为它有一张宽阔的大嘴巴，还有长而分叉的舌头和特殊的眼睛。它的舌头不是长在口腔的后部，而是长在下颌的前面，舌头朝着咽喉。当捕捉飞虫时，它就闪电般突然向外翻伸，

舌面上分泌有黏液，飞虫一碰上就被粘住了，然后它将舌头快速翻转，飞虫也就进肚子了。

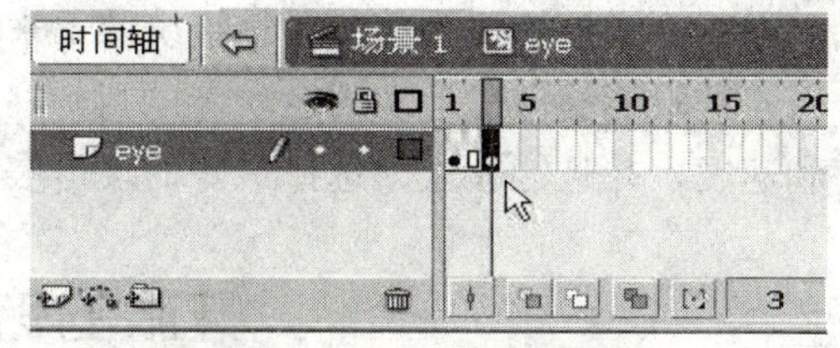


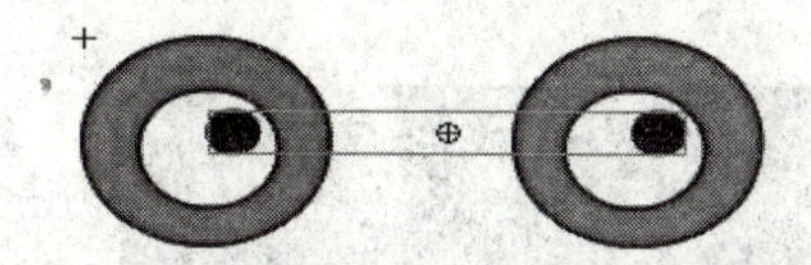

◆计算机对蛙眼进行设计

为什么青蛙只看运动着的物体，而对不动的蛾子、苍蝇毫无反应，而只要蛾子一动，青蛙就会立即发现它，并根据它的飞行方向和速度，一跃而起捕食到口？无怪乎有些动物学家开玩笑地说，青蛙是喜欢吃会飞的苍蝇的，要是坐在死苍蝇堆里它是会饿死的。

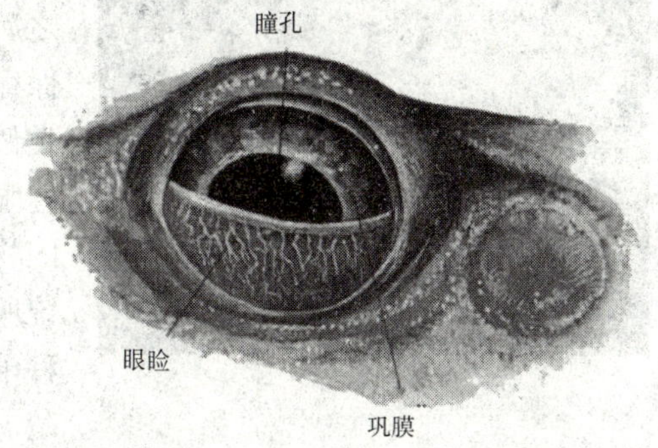


◆蛙眼结构图

科学家对蛙眼的结构进行了研究，原来蛙眼视网膜的神经细胞分成五类，一类只对颜色起反应，另外四类只对运动目标的某个特征起反应，相当于四种“检测器”，能把分解出的特征信号输送到大脑视觉中枢——视顶盖。这四种神经细胞的形状、大小和树状突分支各不相同，每种细胞接受范围的大小和轴突传导信号的速度也各不相同。第一种神经细胞叫反差检测器，它能感觉运动目标暗色前后缘，第二种叫运动凸边检测器，对有轮廓的暗颜色目标的凸边产生反应；第三种叫边缘检测器，对静止和运动物体的边缘感觉最灵敏；第四种叫变暗检测器，只要光的强度减弱了，它就立刻反应。这四种神经就像在四张透明纸上的图画，叠在一起就是一个完整的图像。因此，在迅速飞动的各种形状的小动物里，青蛙可立即识别出它最喜欢吃的苍蝇和飞蛾，而对其他飞动着的东西和静止不动的景物都毫无反应。

而且，青蛙的眼睛还有一种特殊的本领，可以识别不同的图像。它可以在各种形状的飞动着的小动物里，立即识别出它最喜欢吃的苍蝇，而那些静止不动的背景却在青蛙眼里没有反应。就是说，蛙眼不像照相机，可以一点不漏地把镜头前的景物统统照下来，它只看到对它有用的景物。

蛙眼能够敏捷地发现运动着的目标，迅速判断目标的位置、运动方向和速度，并且能够立即选择最好的攻击姿态和攻击时间。

## 蛙眼的仿生

根据蛙眼的视觉原理，借助于电子技术，人们制成了多种“蛙眼电子模型”。“电子蛙眼”是其中的一种，它的前部其实就是一个摄像头，成像之后通过光缆传输到电脑设备显示和保存，它的探测范围呈扇状且能转动类似蛙类的眼睛。电子蛙眼可以像真蛙眼那样准确无误地识别出特定形状的物体。这种图像识别能力是雷达系统所需要的。雷达工作时往往受到各种干扰，使显示屏上的影像看不清楚。依据蛙眼分别抽取图像特征的工作原理而改进的雷达系统，能够在显示屏上清晰地从强背景噪声中区分出目标来，因而提高了雷达的抗干扰能力。现代战争中，敌方可能发射导弹来攻击我方目标，这时我方可以发射反导弹截击对方的导弹。但敌方为了迷惑我方，又可能发射信号来扰乱我方的视线。在战场上，敌人的飞机、坦克、舰艇发射的真假导弹都处于快速运动之中，要克敌制胜，必须及时把真假导弹区别开来。将电子蛙眼和雷达相配合，能快速而准确地识别出具有特定形状的飞机、舰船、导弹等，特别是能够根据导弹的飞行特性，将真假导弹区分开来，从而不被作为诱饵的假导弹所迷惑。

◆蛙眼潜水相机

模仿蛙眼的工作原理，人们还制成了一种“电子蛙眼图像识别机”，它可以成为机场飞行调度员的出色助手。这种装置可以监视飞机的起飞与降落、班机是否按时到达。若发现飞机将要发生碰撞能及时发出警报，防止相撞。现在，国外已投入使用的一种人造卫星“自反差跟踪系统”，就是模仿蛙眼的工作原理制造出来的。

1. 蛙眼与普通动物的眼有什么区别？
2. 蛙眼的视觉原理是什么？
3. 什么是人造卫星自动反差跟踪系统？
4. 蛙眼在仿生学得到了哪些应用？

# 深海中的发电机
## ——电鱼与伏特电池

◆电鱼

我们在冷光一节知道了自从人类发明了电灯，生活变得方便、丰富多了。但电灯只能将电能的很少一部分转变成可见光，其余大部分都以热能的形式浪费掉了。要想充分利用资源，除了冷光的利用外，有没有只发电不发热的光源呢？人类又把目光投向了大自然。自然界中有许多生物都能产生电，仅仅是电鱼类就有500余种。人们将这些能放电的鱼，统称为“电鱼”。

## 电鱼

◆放电鱼

各种电鱼放电的本领各不相同。放电能力最强的是电鳐、电鲶和电鳗。中等大小的电鳐能产生70伏左右的电压，而非洲电鳐能产生高达220伏的电压；非洲电鲶能产生350伏的电压；电鳗能产生500伏的电压，有一种南美洲电鳗竟能产生高达880伏的电压，称得上电击冠军，据说它能击毙像马那样的大动物。

电鱼放电的奥秘究竟在哪里？经过对电鱼的解剖研究，终于发现在电鱼体内有一种奇特的发电器官。这些发电器是由许多叫电板或电盘的半透明的盘形细胞构成的。由于电鱼的种类不同，所以发电器的形状、位置、电板数都不一样。电鳗的发电器呈棱形，位于尾部脊椎两侧的肌肉中；电鳐的发电器形似扁平的肾脏，排列在身体中线两侧，共有200万块电板；电鲶的发电器起源于某种腺体，位于皮肤与肌肉之间，约有500万块电板。单个电板产生的电压很微弱，但由于电板很多，产生的电压就很大了。

◆石纹电鳐

电鱼这种非凡的本领，引起了人们极大的兴趣。19世纪初，意大利物理学家伏特以电鱼发电器官为模型，设计出世界上最早的伏特电池。因为这种电池是根据电鱼的天然发电器设计的，所以把它叫作“人造电器官”。

## 电鱼的种类

电鱼大致分为以下几类：

1. 电鳐：除日本产的日本单鳍电鳐及太平洋和地中海的石纹电鳐外，在比目鱼中也有能发电的种类。此鱼属软骨鱼纲，电鳐科，体盘呈圆形或椭圆形，口和眼都很小。头侧和胸鳍之间有一发电器，能发电御敌或捕食。卵胎生，种类颇多。广布于热带和亚热带近海，

◆电鲶

◆电鳗

常半埋于泥沙中。个体一般较小。常见的有丁氏双鳍电鳐。

2. 产于北非河流中之电鲇：此鱼属硬骨鱼纲，电鲶科。体形似鲶，长达一米，口端有须3对。无背鳍，近尾基处有一低平脂鳍，背面皮下有成对的发电器，能击毙小动物。

3. 电鳗：栖息于南美的亚马孙河及奥里诺科河和南非的河流中。此鱼属硬骨鱼纲，电鳗科。体呈鳗形，长达2米余。棕褐色，无鳞，肛口胸位，臀鳍基部很长，始于肛门后方，延于整个尾部，胸鳍小。背鳍和腹鳍消失，尾部很长，其两侧各具发电器一对，能发出强烈电流，把人击昏，甚至可击毙渡河的牛马。此鱼为产地渔业对象，肉肥味美。



## 电鱼发电原理

◆放电鱼

电鱼发电奥妙何在？原来电鱼都具有一套类似于我们常见的蓄电池结构的发电器官，它是由肌肉细胞演变而成的。这些犹如蜂窝状的发电器官是由许多块“电板”所组成。一般电鱼体中的“电板”为扁平状，厚度只有7～10微米，直径可至4～8毫米。“电板”分为两面：一面较为光滑，直接与神经系统相连；另一面则凹凸不平，无神经。“电板”和

原来的肌肉细胞一样，具有膜外带正电、膜内带负电的静息电位。一旦神经系统传来一个指令信号时，“电板”的一面产生急转电势，而另一面不受神经控制，仍是原来的静息电位状态。“电板”两面的电荷由此出现了不对称，从而产生了电流。

# 海豚不只有海豚音
## ——海豚的仿生学

◆可爱的海豚

青青脊背白肚皮，
流线身体多美丽，
模样憨厚真聪明，
游泳技巧有奥秘。

游泳运动员学习青蛙的动作，于是出现了“蛙泳”。当发现海豚的游泳能力比青蛙强得多时，模仿海豚游泳就成为近代游泳的研究项目。那么，海豚游泳的秘笈在哪里呢？今天就给大家揭揭秘。

## 海豚

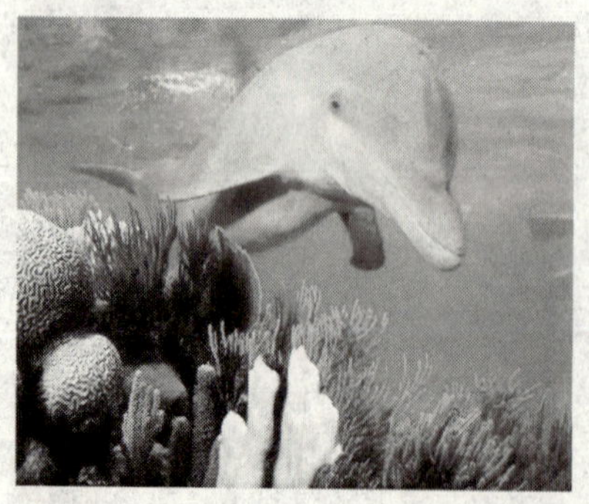

◆海豚

海豚属于哺乳纲、鲸目、齿鲸亚目，海豚科，通称海豚，是体型较小的鲸类，共有近 62 种，分布在世界各大洋。体长 1.2～4.2 米，体重 23～225 千克。海豚一般嘴尖，上下颌各有约 101 颗尖细的牙齿，主要以小鱼、乌贼、虾、蟹为食。海豚喜欢过“集体”生活，少则几条，多则几百条。海豚是一种本领超群、聪明伶俐的海中哺乳动物，经过训练能打乒乓球、跳火圈等。

除人以外，海豚的大脑是动物中最发达的。人的大脑占本人体重的2.1%，海豚的大脑占它体重的1.7%。海豚的大脑由完全隔开的两部分组成，当其中一部分工作时，另一部分充分休息，因此海豚可终生不眠。海豚是靠回声定位来判断目标的远近、方向、位置、形状、甚至物体的性质。有人做过试验，把海豚的眼睛蒙上，把水搅浑，它们也能迅速、准确地追到扔给它的食物。海豚不仅有惊人的听觉，还有高超的游泳和异乎寻常的潜水本领。据测验，海豚的潜水记录是300米深，而人不穿潜水衣只能下潜20米。至于它的游泳速度，更是人类比不上的。海豚的速度可达每小时40千米，相当于鱼雷快艇的中等速度。

◆吐圈的海豚

## 海豚为什么游得快

好的体形是游得快的前提条件。但即使有了最好的体形，要想成为游泳健将，还有许多细节需要完善。动物在水中游动时，一般总会造成一些小小的漩涡。这些小漩涡影响了动物的游速。海豚和鲨鱼解决这个问题的办法各有不同。海豚身体上滑溜溜的皮肤并不是紧绷绷的，而是富有弹性的；游动时收缩皮肤，使上面形成很多小坑，把水存进来，于是身体的周围会形成一层“水罩”，快速游动时“水罩”会包住它的身体，和它的身体同时移动。借助这个水的保护层，海豚游动时几乎没有摩擦力，也不会造成漩涡。

◆海豚

## 海豚皮的仿生

◆海豚

对海豚的皮肤进行研究发现，海豚皮肤从外到内共有三层结构，第一层是表皮，第二层是真皮，上有许多小乳头状突起，这些小乳头在运动中能经受很大的压力。第三层是由胶质和弹性纤维交错组成的，中间充满了脂肪。海豚皮肤这种独特的结构像一个“减振器”，在水的压力下能灵活地改变形状，有效地防止涡流产生，把水的阻力降到最低点。

科学家仿造出了人造海豚皮，这种人造海豚皮能部分模拟海豚皮肤的减振功能。它也是由三层组成的：第一层为表皮；第二层中设置了许多容易弯曲的小突起，里面充满了富有弹性的液体；第三层为背衬材料。把这种人造海豚皮包在鱼雷和小艇上进行实验，效果很好，能减少阻力40%～60%。按照此原理造成一个薄膜蒙在飞机的表面，经实验可节约能源3%。

海豚的皮质结构可降低与海水的摩擦阻力，美国海军由此得到启发，研制出人造海豚皮，为提高鱼雷航速开辟了新径。

## 新型舰船防污涂料

污垢是商业舰船和海军舰船的一个很恼火的问题。海洋生物能分泌粘合性蛋白质增加舰船的摩擦力和阻力，降低舰船的性能，增加能量消耗，以及导致船体腐蚀，而现在常用的有机锡和铜基涂料对海洋生物具有很大的毒性。美国华盛顿大学的化学家克伦·沃莉模拟了海豚皮的显微结构和肌理，于 2002 年研制出一种可以减少海洋生物藤壶粘附到舰船上的改良涂料。

◆藤壶

沃莉将两种互不相容的聚合物混合在一起，一种是高度分支的含氟聚合物，另一种是线性聚乙烯乙二醇，它们彼此排斥。这两种聚合物通过交联而固化，产生一种特殊的涂料。从纳米角度看，它具有粗糙的表面，或是软的，或是硬的，或是亲水性的，或是疏水性的。沃莉解释说：“长期以来，人们把抗污与制造一种超光滑的表面联系起来，人们以为表面越光滑、（表面能是由于表面层原子朝外的键能没有得到补偿，使得表面质点 66 体内质点具有的额外势能）越小，生物体就难以粘附。但实际上这完全是误区。我的研究与此背道而驰。当这种聚合物表面刚刚制造出来时，它看上去像亚显微的结构，但把它置于人工海水时整个表面就会膨胀。我认为这才是真正令人激动的，因为这意味着我们可以调节表面特征。”不同于化学家们试图制造尽可能光滑的表面的常规涂料，这种三维地形涂料模拟了海豚的表皮。研究人员已经发现海豚皮从纳米角度看是有皱纹的。这些皱纹不是很大，因而不会阻碍舰船航行，也不会为藤壶之类的海洋生物提供足够的粘附位置。

拓展思考

1. 海豚为什么游得快？
2. 海豚为了能够适应环境，表皮有哪些进化？
3. 查阅相关资料，了解藤壶的生活习性？
4. 防污涂料从海豚哪里得到了什么启示？

# 长脖子的困扰
# ——长颈鹿与航天员失重

◆长颈鹿

我们都知道，长颈鹿经过长期的自然选择，已经将自己的脖子进化得很长，当然长有长的好处，但难免也会有它的弊端，这么长的脖子，它的血液输送会不会受到影响？本节就让我们一起了解了解长颈鹿先生吧。

## 长颈鹿

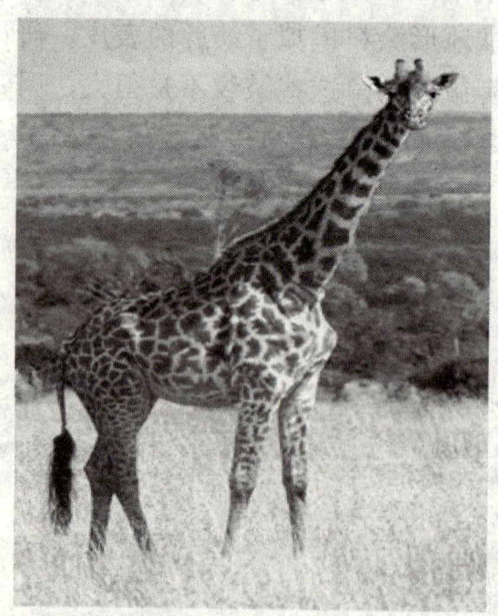
◆挺拔的长颈鹿

在非洲干旱的热带草原上，点缀着许多奇形怪状的树木。有的树像把巨伞，有的像个大葫芦，还有的不到一米高。这些树木的古怪形状，都是长颈鹿的杰作，长颈鹿的高度惊人，自然不必与其他食草动物争吃地面的植物。

伞形树的成因是长颈鹿够不到的高处长出了枝叶，但下面的枝叶却给长颈鹿吃光了。葫芦形树的形成是除了高度和长颈鹿相当的那部分被吃掉之外，其余的枝叶尚能幸存；至于那些“侏儒”矮树，却是幼时树梢内嫩枝给长颈鹿啃掉而没有重新长出来导

致的。

长颈鹿对别的动物和善而胆小。它们虽然可能大约20只集结在一起生活，但群居的组织颇为松散。雄长颈鹿独居或两三只雌雄长颈鹿混杂群居的情形较为普遍。

◆搞怪的长颈鹿在吐舌头

长颈鹿可吃多种不同的树木，不过以吃金合欢树叶为主。长颈鹿的胃分四室，把半消化的食物吐回反刍，每一小块食物约咀嚼40次。

春天里，很多树木尚未长出新叶，长颈鹿白天要花八成时间进食；到了夏天绿叶满枝，只需花半天的时间即可。

长颈鹿全年随时皆可交配，怀孕期是16个月，在分娩的第一阶段，幼鹿首先露出前肢，然后才坠地。幼鹿出生时体长约2米多。母鹿分娩后用鼻子催使幼鹿开始微弱的活动。幼鹿试着站起来，身体摇摇欲坠地向前倾。但出生后不到半小时就能自己站立起来。

长颈鹿的长脖子像人类及多数哺乳动物的脖子一样由七节椎骨组成，每节椎骨修长，以杵臼关节互相连接，使颈部能活动自如，行走时头和颈前后摆动，把身体重心往前推，可使重达一吨的身躯前移。长颈鹿奔跑时速可达50多千米，脖子随着步伐节奏前后摆动。可能由于身躯庞大，不容易由躺卧姿势站立起来，所以它们通常站着睡觉。

雄长颈鹿的头盖骨顶端，天生有一块硬骨。打斗的时候挥动长脖子，那沉重坚硬的头颅就像挥动一件大槌式的武器一样。

**视野扩扩扩**

**是长颈鹿脖子的骨节多还是人的颈骨多?**

大家一定认为长颈鹿的脖子长，当然是它的颈椎骨节多了。这不对，因为它的每一块颈椎骨长得长，人的脖子虽短，但颈椎骨同样也短，所以它和我们人类的颈椎骨的数目一样多，都是7块。

## 长颈鹿的困扰

◆喝水的长颈鹿

◆长颈鹿的大头贴

脖子长会给长颈鹿带来一些有利的条件，首先能看到周围的事物，正可谓站得高、望得远。长颈鹿的眼睛也很敏锐，它的眼睛是凸眼，瞳孔是扁长形，所以一眼就能看到很大一片地方，像一个天然瞭望台，可以清楚地看见远处的敌人，据说附近的斑马和羚羊都密切注视着长颈鹿的动静，如果长颈鹿发现敌人而逃跑的话，它们也跟着一起逃跑；其次长颈鹿的长脖子还能帮助它选择食物，只有脖子长才能吃到作为主食的树叶和嫩芽。长颈鹿用长舌头揪吃树梢的叶子及嫩叶为生。

可是，长颈鹿的长脖子并不是干什么都方便的。喝水的时候每次都得把头低下来，即使把脖子伸得直直的也够不着地面，所以要尽量地叉开两条

前腿才行。由于有这样的不便，一旦遇到敌人袭击就毫无办法了。同时，长颈鹿脖子的顶端长着脑袋，给脑袋供血带来困难，因此它有一个特殊的构造来补充血液。长颈鹿的反刍，是指食物通过长颈鹿脖子里的长食道上上下下。据动物园的人说，一听到咕噜咕噜的声音，就知道反刍的食物升到脖子上了。

## 长颈鹿的高血压

长颈鹿是目前世界上最高的动物，曾有人量过一头特别大的长颈鹿，高度竟达到近 6 米。其大脑和心脏的距离约 3 米。长颈鹿之所以能将血液通过长长的颈脖输送到头部，是由于长颈鹿的血压很高。据测定，长颈鹿的血压比人的正常血压高出 2 倍，是靠着高达 160～260 毫米汞柱的血压把血液送到大脑的。按一般分析，当长颈鹿低头饮水时，大脑的位置低于心脏，大量的血液会涌入大脑，使血压更加增高。那么长颈鹿会在饮水时得脑溢血或血管破裂等疾病而死。是什么样的原理使长颈鹿不会因脑溢血而死亡呢？这与长颈鹿身体的结构有关。首先，长颈鹿血管周围的肌肉非常发达，能压缩血管，控制血流量；同时长颈鹿腿部及全身的皮肤和筋膜绷得很紧，利于下肢的血液向上回流。

◆歼击机

◆飞行员抗荷服

## 再造另一个你自己

超高速歼击机驾驶员在突然加速爬升时因脑部缺血而引起的反应，使驾驶员非常痛苦。科学家受到长颈鹿的启示，在训练航天员时设置一种特殊器械，让航天员利用这种器械每天锻炼几小时，以防止血管周围肌肉退化；在宇宙飞船升空时，科学家根据长颈鹿利用紧绷的皮肤可控制血管压力的原理，研制了飞行服——“抗荷服”。抗荷服上安有充气装置，随着飞船速度的增高，抗荷服可以充入一定量的气体，从而对血管产生一定的压力，使航天员的血压保持正常。同时，航天员腹部以下部位是套入抽去空气的密封装置中的，这样可以减小航天员腿部的血压，利于身体上部的血液向下肢输送，从而解决了这一难题。

1. 长颈鹿脖子的骨节比人的多还是少？
2. 长颈鹿的长脖子给它带来了哪些好处？
3. 长颈鹿有什么困扰？
4. 长颈鹿给仿生学带来了哪些灵感？

# 何以臭气熏天
# ——屁步甲炮虫与军事技术

说到屁步甲炮虫大家可能比较陌生，20世纪五六十年代的时候，生活质量还很差，卫生极成问题，大多数人家的床板和席子里都居住着这种虫子。一旦被它咬中，就会中了它的“毒”，不过还好，其毒性并不是很厉害，只需酒精擦拭即可解毒。这种令人讨厌的虫子还会对人有所帮助？我们的科学家从它身上又学到了什么呢？今天就让我们一起去了解一下屁步甲炮虫吧。

## 屁步甲炮虫的简历

姓名：屁步甲炮虫

所属类别：鞘翅目步甲科

昆虫种名：屁步甲

级别：危险

简要介绍：头、前胸背板棕黄色；头顶有心形黑斑；小盾片和鞘翅黑色，各鞘翅肩部和中部有一黄色斑；各鞘翅有7条纵隆脊，受惊和捕食时会有肛门放出一种有毒雾气。

◆屁步甲

虫体大小：体长10～19毫米宽5～7.5毫米

区域分布：北京、河北、辽宁、上海、云南等

# 甲虫与仿生

◆拟丽步甲

屁步甲炮虫是一种很危险的昆虫。当你不小心捏到它的时候手指头会像被香烟烫到一样，又痛又麻，不是被咬的感觉，而是被烫。而且手指头表面会变得黑乎乎的，还会有淤血。这就证明你已是中了屁步甲炮虫的毒，但问题不大，用酒精棉花把手指头上的黑块涂了一遍，颜色就会慢慢淡下来。当你用脚踩住它的时候会发出“嗤——”一声，这是它受到惊吓时肛门里放出的一种热达100℃的液体“炮弹”。

屁步甲炮虫自卫时可喷射出具有恶臭的高温液体“炮弹”，这是它用以自卫的秘密武器，以迷惑、刺激和惊吓敌害。科学家将其解剖后发现，甲虫体内有3个小室，分别储有二元酚溶液、双氧水和生物酶。二元酚和双氧水流到第三小室与生物酶混合发生化学反应，瞬间就成为100℃的毒液，并迅速射出。

这种原理目前已应用于军事技术中。第二次世界大战期间，德国纳粹为了战争的需要，据此机理制造出一种功率极大且性能安全可靠的新型发动机，安装在飞航式导弹上，使之飞行速度加快，安全稳定，命中率提高，英国伦敦在受其轰炸时损失惨重。美国军事专家受甲虫喷射原理的启发研制出先进的二元化武器。这种武器将两种或多种能产生毒剂的化学物质分装在两个隔开的容器中，炮弹发射后隔膜破裂，两种毒剂中间体在弹体飞行的8～10秒内混合并发生反应，在到达目标的瞬间生成致命的毒剂以杀伤敌人。它们易于生产、储存、运输，安全且不易失效。

1. 什么是屁步甲炮虫？
2. 屁步甲炮虫给仿生学带来了哪些启示？
3. 怎样解屁步甲炮虫的毒？

# 壁虎侠即将诞生
## ——壁虎脚趾与超级附着技术

每当看到“蜘蛛侠”飞檐走壁的时候，大家总是赞叹不已，当然这是特技拍摄的，但是我们有没有可能真的有一天穿上能够“飞檐走壁”的鞋子“横行霸道”呢？如果那样的话，交通是变得混乱还是我们充分地利用了空间呢？

### 壁虎的物理学

◆壁虎

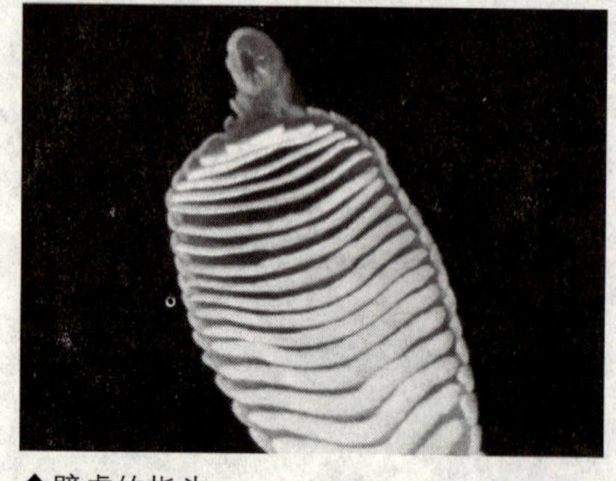

◆壁虎的指头

生活中有些现象常常令人困惑，例如早在公元前 4 世纪，古希腊哲学家亚里士多德就对壁虎高明的爬行能力感到“大惑不解”。一种长约 10 厘米、背呈暗灰色的爬行纲四足小动物壁虎，为什么能在光滑如镜的墙面或天花板上穿梭自如，捕食蚊、蝇、蜘蛛等小虫子而不会掉下来。多少年来，人们对壁虎飞檐走壁的秘诀一直众说纷纭。许多人习惯地认为，壁虎能够在直立的玻璃表面疾步如飞，甚至能贴在光滑的天花板上，靠的是四个脚掌上神奇的吸盘。其实情况并非如此。与此同时，壁虎高超的攀爬能力也一直是科研人员重点研究的对象。

科学家通过实验发现，壁虎能

够在一块垂直竖立的抛光玻璃表面以每秒一米的速度向上高速攀爬，而且“只靠一个指头”就能够把整个身体稳当地悬挂在墙上。除了能在墙上笔直上下爬行外，壁虎还能够倒挂在天花板上爬行，这一绝技更令其他动物望尘莫及。

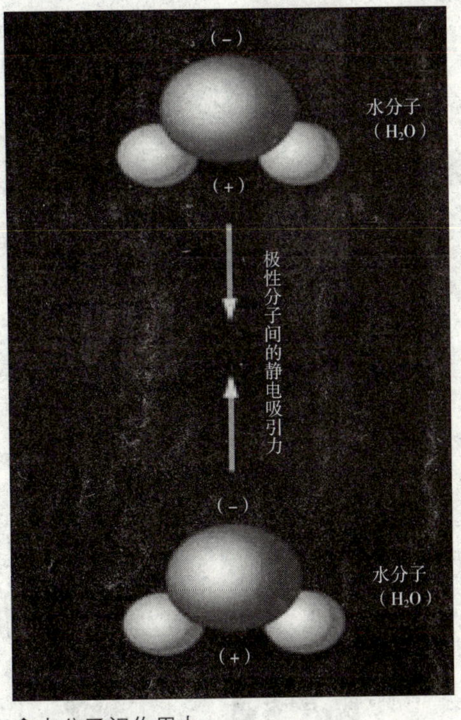

◆水分子间作用力

壁虎脚底的粘着力究竟是怎样产生的呢？美国加利福尼亚大学伯克利分校的科学家罗伯特·福尔等人经过研究发现，看上去不起眼的壁虎，居然是自然界数一数二的“应用物理大师”。它脚底的力量竟然来自宇宙中最基本的物理学原理——分子引力。他们的研究成果发表在美国《国立科学研究院学报》上。靠着分子间作用力，一只身长 5 厘米的壁虎，用它不过几平方毫米大小的脚掌，理论上能够毫不费力地提起重达 40 千克的重物！

壁虎脚底的一根刚毛就能提起一只蚂蚁的重量，而使用全部刚毛竟然能够支持 125 千克的力。

## 分子引力

什么是分子引力呢？分子引力也叫范德瓦尔斯力，是中性分子彼此距离非常近时产生的一种微弱电磁引力。由于这种引力过于微弱，通常没有人加以注意。比如，当我们把手贴到墙上时也会产生分子引力，但由于实际接触面积太小，可能只有数千个接触点，人的手掌不会被吸附到墙壁上。

壁虎就不一样了，它的每只脚底部长着数百万根极细的刚毛，而每根刚毛末端又有约 400～1000 根更细的分支。这种精细结构使得刚毛与物体

◆范德瓦尔斯

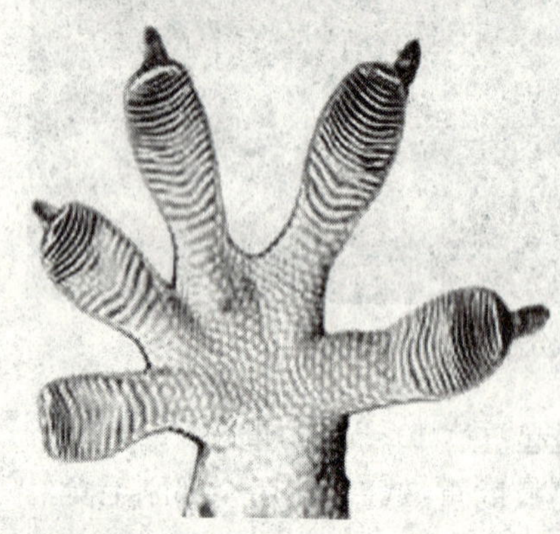
◆壁虎飞檐走壁的武器

表面分子间的距离非常近，从而产生分子引力。虽然每根刚毛产生的力量微不足道，但累积起来就很可观。根据计算，一根刚毛能够提起一只蚂蚁的重量，而100万根刚毛虽然占地不到一个小硬币的面积，但可以提起20千克的重量。科学家说，壁虎实际上只使用一个脚，就能够支持整个身体。壁虎在演化史上属于较古老的种类，全世界达670种，广泛分布于各大洲的热带、亚热带及温带地区。

壁虎又是怎样自如地控制脚上的吸力呢？科学家用显微摄像机摄下壁虎在玻璃上爬动的情况，发现当壁虎试图移动脚掌时，需要付出比吸住附着物时高600倍的力量，并将脚趾伸展到30°以上才能达到目的，这就如同人们扯下粘贴的胶带时所做的一样。而且，即使在真空环境下，它脚上的粘着力也不会失灵，这说明壁虎不必分泌任何物质以维持附着力，也不需要借助空气负压"吸"住物品。

研究人员认为，模仿壁虎脚底的这种结构，有可能研制出粘合力超强的新型胶纸。它具有易于被揭下、不对物体表面造成损伤、可反复使用等优点。

## 超级附着技术

在壁虎脚趾微结构的启示下，科学家开始研制超级附着技术。

研究生物力学的奥特姆认为，这项发现对希望发明更好的粘合剂的科学家来说是一个好消息，因为只要能够把绒毛做得足够小，就可能产生和壁虎刚毛一样强大的粘合力。例如，科学家正在据此开发的一种强力干性粘合剂，这种粘合剂将使用一种与壁虎爪指上的绒毛类似的人造绒毛。

◆安德烈·盖姆

不久前，英国曼彻斯特大学的物理学家安德烈·盖姆及其同事宣称，他们的研究取得了重大进展：他们模仿壁虎脚趾的微结构研制了一种柔韧的胶布，上面覆以上百万根人工合成的绒毛，每根毛的长度不足2微米。根据他们的推算，一块巴掌大的这种胶布就能将一个成年人悬吊起来。盖姆仅造出了1平方厘米大的壁虎胶布，为了检验其附着力，他把这条胶布固定在一个蜘蛛人玩偶的手上，结果蜘蛛人稳稳当当地悬挂在了一块玻璃板上。

壁虎胶布的意义重大，科学家希望能研制出一种会爬墙的机器人。

美国刘易斯·克拉克学院的凯拉·奥特姆也成功地研制出了一种新型粘合剂。那么，壁虎胶布的意义到底有多大呢？从世界上最耐用的不干胶便条、更安全的轮胎到粘得更牢的“创可贴”都需要它。最近，奥特姆还在与加拿大麦吉尔大学步行机器人技术实验室的主管马丁·比勒以及美国加州大学伯克利分校Poly－PEDAL实验室（专门研究动物运动中的特性、动能学和动力学）的主管罗伯特·福尔联手，研制一种会爬墙的机器人。奥特姆说：“我的梦想是亲眼目睹一群这样的机器人登上火星表面。”

## 美国开发出壁虎式机器人

美国科学家称，一种具有粘性脚足的壁虎状机器人也许会在不久的将来出现在我们身边。“壁虎机器人”足底有数百万个极其微小的毛发，借助这些毛发，

◆壁虎式机器人

它就能“飞檐走壁”。每根毛发通过一种称为范德瓦尔斯力的分子间力吸附在墙壁，从而令足底粘在上面。

“壁虎机器人”称为“粘虫”，由美国斯坦福大学教授马克·库特科斯基的研究小组开发，足底长着人造毛（由人造橡胶制成）。这些微小的聚合体毛垫能确保足底和墙壁接触面积大，进而使范德瓦尔斯粘性达到最大化。

美国五角大楼已有兴趣开发爬行手套和爬行鞋，这些都是从壁虎身上受到启发的。库特科斯基表示，“粘虫”式机器人还可作为行星探测器或救援装置使用。

拓展思考

1. 壁虎能飞檐走壁的秘密是什么？
2. 什么是分子间作用力？
3. 什么是超级附着技术？
4. 什么是壁虎式机器人？

# 向终极挑战进军
# ——人体器官的仿生

我们科研的动力始终来自于对人类的服务和对科学的追求。科学家们深入研究仿生学，一直在致力于创造一个完美的仿生人。现在我们比以前能够复制和恢复更多的人体器官和不同样式的人体组件，例如让盲人重获视力的仿生眼，以及比人类味蕾更精确的仿生舌头等，今天就让我们一同来领略一下人体仿生技术的无穷魅力吧。

◆仿生人



## 仿生眼

当一个人失明的时候，他最大的希望就是看到基本的光线。目前，“阿耳弋斯二代”视网膜修复技术和一种可视系统实现了仿生眼，可让失明患者重见光明。目前，阿耳弋斯二代视网膜修复技术正在接受美国食品及药物管理局（FDA）的测试，可视系统是由美国哈佛大学研究员约翰·

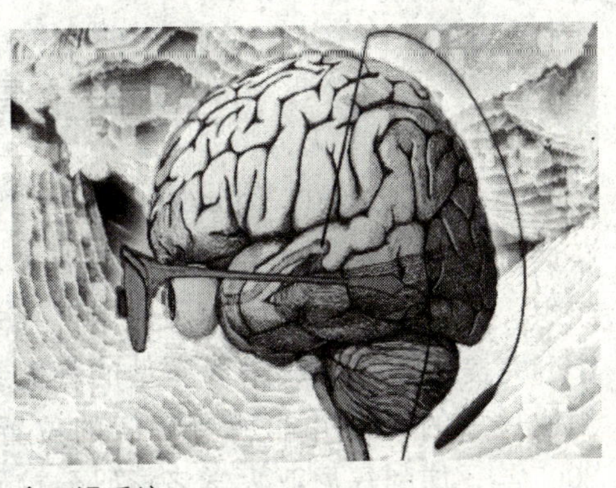
◆可视系统

佩扎瑞斯博士研制的，它可以通过摄像仪记录基础的视觉信息，处理形成电子信号，通过无线发送至内置电极。阿耳弋斯二代将内置电极植入眼睛中，可以帮助那些损失视网膜功能的失明人群。现在这项技术尚处于初级研制阶段，该技术可以绕开整个眼球，将可视信息资料直接传送至大脑。据了解，这种仿生眼系统对曾经有视觉能力的失明人群更有成效，其原因是以上人群曾获取了相应物体的视觉信息。佩扎瑞斯说，“大脑的视觉功能依赖于视觉体验，从而形成对正常物体的视觉辨识。”

## 仿生舌头

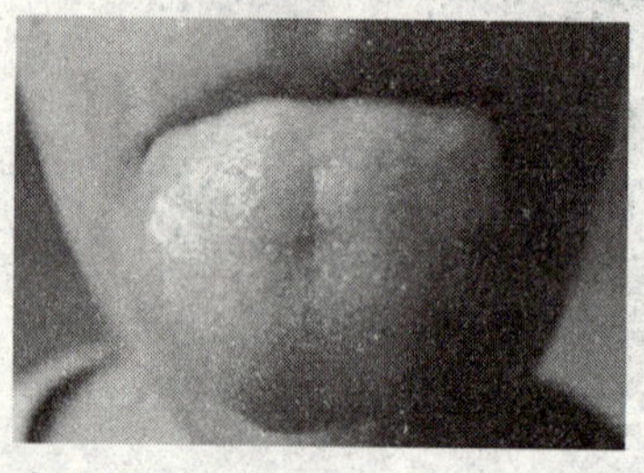
◆功能强大的舌头

舌头可能是一种功能强大的工具，同时也是一种高主观性身体部位。一些食品公司想生产相同口味的食物时，他们会使用电子舌头，该装置是由尼柯克和他的研究小组研制的，通过分析液体和提取其中化学成分构成实现的。据了解，尼柯克设计的电子舌头使用微球体、微型传感器，当暴露于如某种糖类等特殊目标时，传感器的颜色会发生变化。这种电子舌头并不能完全代替人类舌头，其原因是它的味觉太敏感了！它能够可靠地复制微妙口味的化学成分。当然，如果使用于味觉失灵的人群，那么可以说是帮助他们涂彩了整个世界。

## 再生骨骼

20 世纪 60 年代，研究人员就已知道蛋白质能够生长成已失去或受损的骨骼组织。不幸的是，这项技术使用得并非十分完美，时常生成错误类型的骨骼组织或长出的骨骼并非所要替换的位置。2005 年，加利福尼亚大学洛杉矶分校研

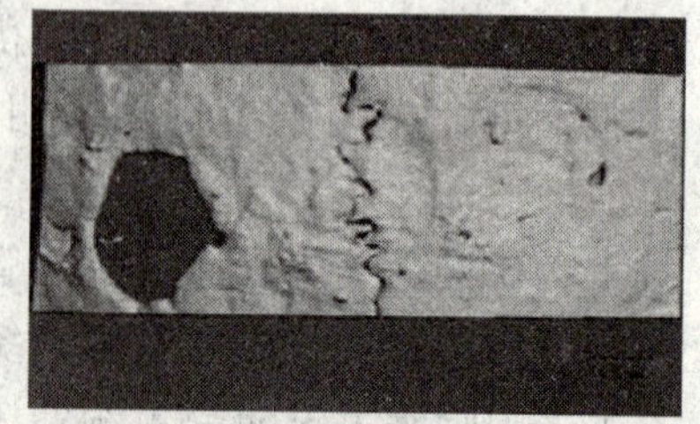
◆生长骨骼的蛋白质

究人员解决了这一问题，他们使用一种特殊设计的蛋白质激发一种叫作“UCB－1”的特殊类型细胞的生长。目前，这种蛋白质用于生长新的骨骼，能够溶合和固定椎骨部分，减轻一些患者严重的背部疼痛。

## 可穿戴的肾

对那些肾部患病的人群而言，要想排除血液中的毒素和保持平衡血液流动水平等基础性生命功能，需要每天使用数小时像干衣机大小的透析分离装置。但目前最新研究的可穿戴人造肾改变了这一切，其更小、更轻可完全装配在肾上。这种人造肾体型很小，被称为自动可穿戴人造肾（AWAK），是由美国加州大学洛杉矶分校的马汀·罗伯茨和大卫·李研制的，其实际工作效果要超过传统的透析分离装置，原因是它可以每天24小时工作，一周连续7天工作，就像一个真实的肾那样。

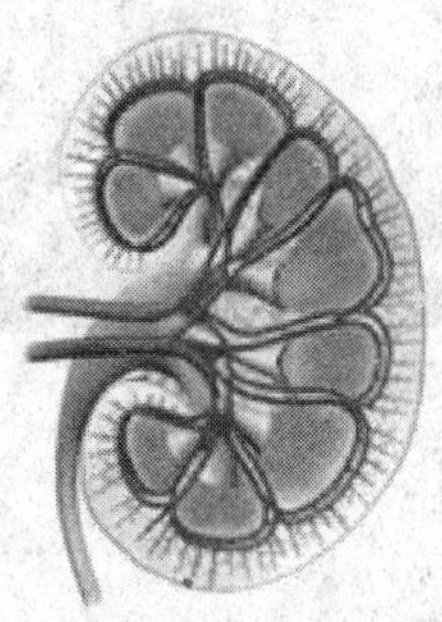

◆人体肾脏器官

## 人造细胞

有时，人们需要将药物服用在身体的正确部位，然而服用药丸或注射针剂却并不能完全实现预期的疗效。美国宾夕法尼亚州大学生物工程学教授丹尼尔·海默研制出了一种更有效的方法——人造细胞。这种人造细胞可以很容易地随着白血细胞进入人体组织。它们可以直接送递药物至人体所需的部位，更容易和安全地战胜某些疾病，包括癌症在内。这项技术说不定在未来的某一天就能成为癌症患者的福音。

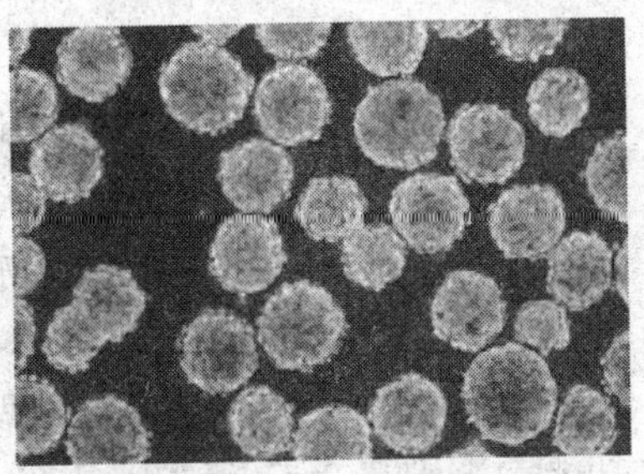

◆人造细胞

## 仿生手臂

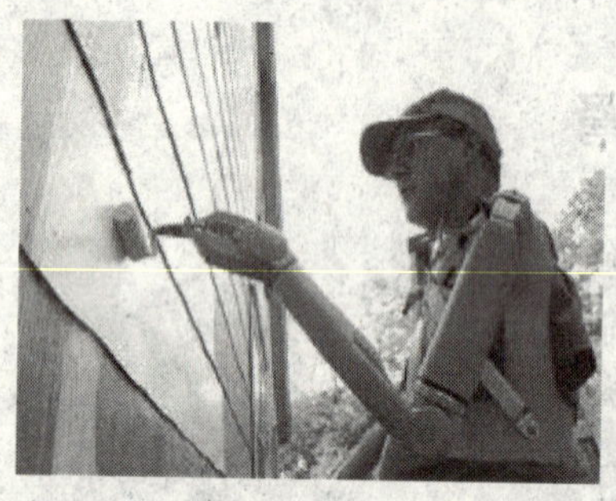
◆人造手臂

受切断手术的人群目前可以使用仿生手臂实现真实手臂的各种活动，这一切是通过“思维”进行控制的。这种仿生手臂是由美国芝加哥康复协会托德·凯肯研制的，它通过健康的运动神经与大脑相连接，从而实现残缺手臂的功能。这些健康的运动神经将重新连接至身体的其他部位，比如：胸腔的神经脉冲变化可由仿生手臂的电极所获得。当患者决定移动手臂时，神经将信息发送至像真手一样的“仿生手臂”。目前，凯肯的研究小组正在致力于提高手臂性能，使幸存的传感器神经与患者大脑控制仿生手臂的温度、振动和压力感知系统进行通信沟通。



## 人体大脑弥补术

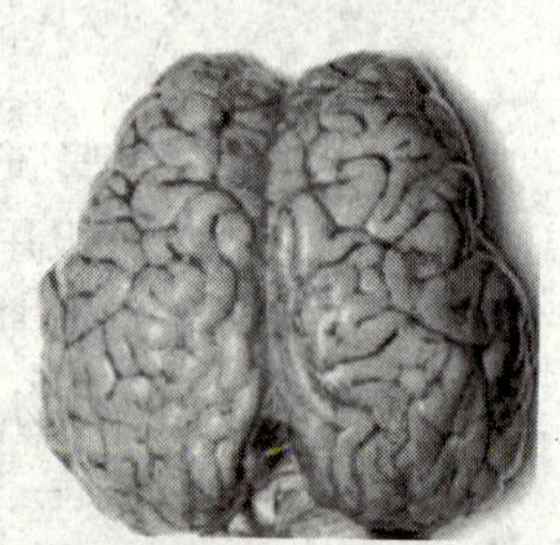
◆神秘的大脑

更换人体的大脑并不像接一条胳膊那么简单，但是在未来这是可以实现的。南加州大学西奥多·伯杰教授研制一种计算机芯片可替换大脑海马状突起（大脑侧面脑室壁上的隆起物，主要由灰白质构成，可负责暂时记忆能力和空间理解能力）。如果海马状突起经常受伤，会导致阿兹海默症和中风，海马状突起可以帮助维持人们的正常功能，否则患者会遭受严重的身体残疾。目前，伯杰仍在测试这种仿生大脑的可行性，他想更深一步地进行了解。

这样看来我们离仿生人的诞生真的是越来越近了。

1. 仿生眼是怎么工作的？
2. 再生骨骼是什么物质？
3. 什么是人造血细胞？
4. 查阅相关资料了解什么是阿兹海默症？

# 走在世界前沿
# ——仿生学新进展

仿生学自打诞生以来便发展迅速，这与其超强的应用性、研究的相对灵活性，以及范围的宽广和对象的多样性是分不开的，研究往往出人意料却又在情理之中。我们相信其未来的路还很长，前途也是一片光明。那么，最近几年我们的仿生学有什么新的进展呢？今天就让我们一起来看看还有哪些“秘密”被我们挖掘了。



## 虫型飞机

◆飞机模型

你可曾想过，夏日里在你身边嗡嗡的小昆虫，居然是携带摄像头、传感器甚至微型炸弹的侦察机？

中国农业大学的彩万志研究员介绍：“像昆虫大小的飞机要求精密度很高，起初只在军事领域使用，但现在已经逐步向民用、农业等方面过渡。”据彩教授介绍，“虫型飞机”的翅展规格应小于 15 毫米，自重不超过 50 克，载重要求在 10 克以上。1991 年美国林肯 MIT 实验室率先制造出一架名为“机器虫”的小型飞机，而我国南京航空航天大学 2001 年制造的“虫型飞机”目前还没有试飞成功。彩教授表示，未来这种

> 还记得我们讲过的苍蝇特工吗，想一想跟这里的虫型飞机一样吗？

"虫型飞机"不仅可以执行搜索、轰炸等军事任务，在胸腔手术时，飞入人体内执行手术任务，用在农业生产中还能寻找和干扰害虫。

美国乔治亚研究所研制的"虫型飞机"已经乘火星飞船飞往火星，同火星车一起进行标本采集等科研工作。

## 游弋的潜艇

人类已经实现了天上飞和水中游的梦想，因此仿生学研究的热点之一就是研制像鸟一样扇动着翅膀飞行的飞行器，像鱼一样摆动着身体游弋的潜艇。

◆游弋的潜艇

科学家们用高速摄像机记录下鱼类在水中启动和转向的图像。通过对鱼类不同活动的力学分析，科学家们发现了鱼类不同动作的力学原理。科学家们希望能够发展出相应的理论体系，而这套理论将可以指导对仿生机械的研制。试想，如果一艘携带侦察设备或鱼雷的潜艇能像鱼一样游到目标区，将可以极大地提高完成任务的概率。

## 果蝇与人脑

人类的生活充满抉择，而事实上抉择也是其他生物最重要的脑神经活动，了解其他生物抉择时的自然计算过程，将有助于人类了解自己的脑神经决策机制。对果蝇的研究发现，果蝇面对各类信息的抉择曲线中存在拐点。果蝇会根据不同信息的权重交替做出抉择。由于科学上已经能够通过基因手段对果蝇进行生物学改造，因此科学家可以通过改造的不同性状的果蝇，研究脑神经不

◆果蝇

同区域在抉择机制中的作用。这些研究的成果对了解人类脑神经活动机制富有借鉴意义。

## 贝壳与坦克装甲

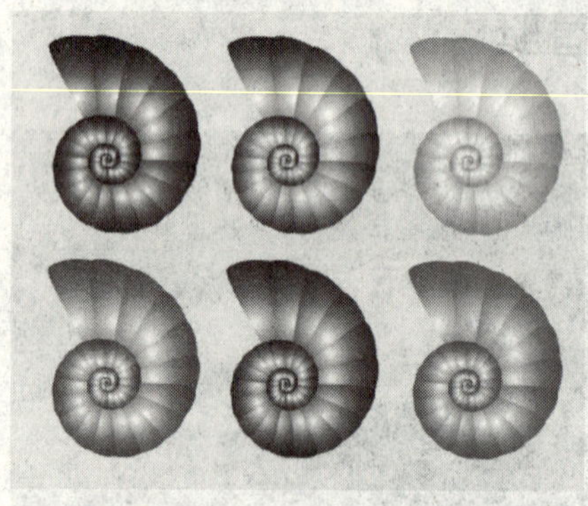
◆五彩的贝壳

"当今所有仿生问题中贝壳研究是最前沿的，被称为'皇冠上的明珠'。如果制造技术能达到，未来贝壳也能被用来做坦克的装甲。"这是中科院力学所的宋凡副研究员的最新研究成果。

目前陶瓷材料在军用和民用领域都有广泛应用，具有抗腐蚀、抗热阻效应的突出优点，但是它的致命弱点是韧性都很差。而通过研究贝壳这种天然陶瓷，借助仿生手段，则有望克服这一弱点。可以打个比方，粉笔和贝壳在化学成分上都是碳酸钙构成的，但是粉笔极易折断，贝壳却很难折断。

目前所有的人工合成仿贝壳微结构复合材料远未能达到其设计强度和韧性，并且其力学性能根本无法与天然贝壳材料相比拟。1990年起，美、英等发达国家相继开始贝壳的研究，主要用于增强军方装甲的抗穿击能力。但到目前为止，美国使用的装甲只是原来装甲性能的30～50倍，如果完全仿照贝壳性能可以提高上百倍。研究发现，在贝壳微结构的有机基质层中存在一种"矿物桥"，就是它增强了天然贝壳的材料强度、韧性等力学性能，并能阻止裂纹在贝壳层状结构中传播。

## 人造昆虫眼相机

美国科学家近期研究出一种可应用于超薄照相机上的人造昆虫眼。这种微凹状人造昆虫眼含有的六角形透镜，在一个针头大小的面积上密集安装了8500个。

这种圆屋顶形状的结构与蜜蜂的眼睛相似。加州大学佰克利分校的研究人员称，这项工作还有助于阐明昆虫是如何发育成这样的复杂视觉系统。该研究论文的共同撰写人鲁克·李教授说："虽然昆虫仅仅是由单个细胞发育而来，但它们却能生长和创造出这种美丽的视觉系统。我想弄明白大自然在没有使用昂贵的制造工艺的情况下是如何创造出这种层层迭加而井然有序的结构。"最终生物工程人员想出一个相对造价低廉和较为容易的方法来创造人造眼，这种眼睛部分采用模拟自然的方法。

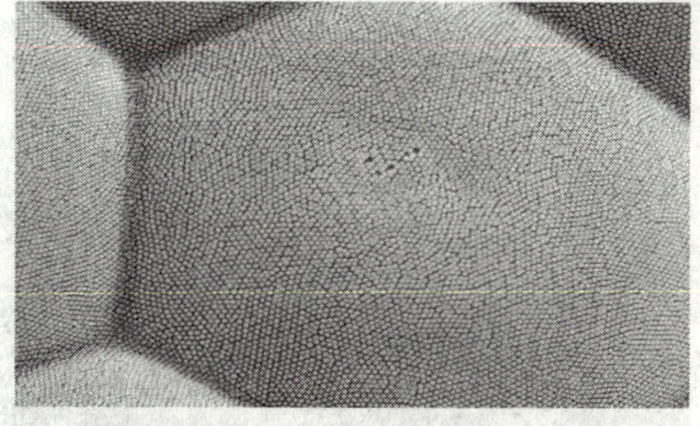
◆昆虫复眼电镜图

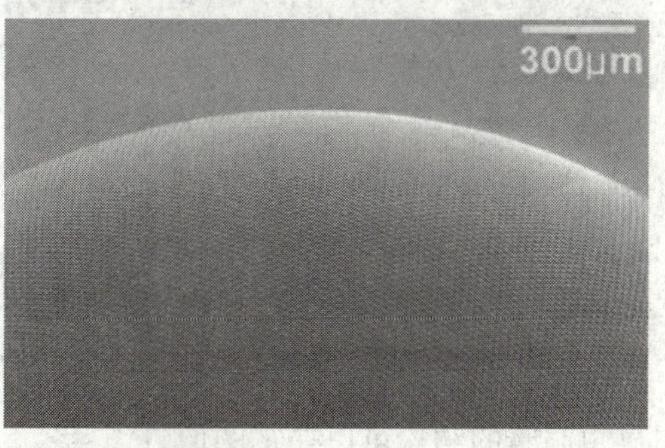

◆昆虫眼的电镜结构



昆虫眼是一种复眼，通常由数百个透镜帽形状的被称为 ommatidia 的小眼视觉单位组成。例如，蜻蜓的每只眼睛由 3 万个这样的结构组成。每个视觉单位通过透镜将光线导入，然后光线成圆锥状进入一个被称为感杆束的通道，感杆束中含有感光细胞。这些感光细胞与视觉神经细胞相连而产生影像。

ommatidia 被并排紧密置于凸起中，为昆虫创造出一个大范围的视觉区域。每个单位的朝向略有不同，这种蜂窝结构的眼睛产生一个镶嵌影像，这种影像虽然分辨率比较低，但却非常适于探测移动物体。研究小组首先制造出一个微型可再度使用的有 8700 个凹痕的模具，然后在这个布满麻窝的半球被注满环氧树脂，环氧树脂当被紫外线照射时会发生反应，从而形成一种具有各种化学特性的更为坚硬的物质。在低温下烘焙后可以将它从模具中取出。经过这种处理便可获得一个针头大小的圆屋顶，在它的表面有 8700 个蜂窝形格式的凸起。每个凸起的功能相当于一个透镜，可以将光线汇聚至下面的物质上。一段时间后汇聚的光线与树脂发生反应形成

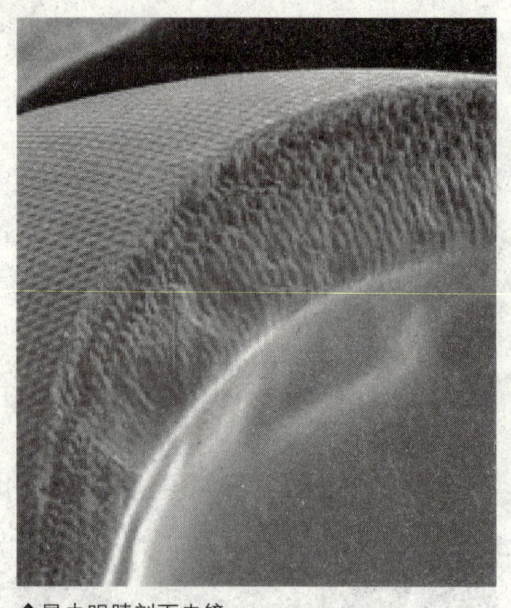
◆昆虫眼睛剖面电镜

一圆锥体，从而将光线导入结构的更深处。在光线继续在树脂中烧灼出一条道路时，形成一个被称为波导管的、与昆虫眼中感杆束类似的微小的通道。光线与聚合体的反应改变了物质的光学特性，这意味着所有进入波导管的光线沿着它的长度被引导进来。结果便形成一个覆有透镜的微型树脂圆屋顶，其中穿通有完美排列的、可以将光线导入穿越圆屋顶中心的光线导管。当光线穿射透镜随之产生一个光线通道后，研究人员相信通过这种最初形成于昆虫眼睛的结构可以获得图像。

但它可被附置于类似数字照相机中的成像传感器上组成一个完备的成像设备。这可使人造眼应用于微型全方位监视设备、超薄照相机以及高速运动传感器上。美国国防部高级研究计划署对人造眼的研究很感兴趣，在这方面进行了资助。科学家们还认为它可应用于医学中，像内脏成像。

美国科学家根据昆虫复眼的原理发明了一种新型超广角镜头。装有这种镜头的监控摄像机可以实现对周围360°的全方位实时监控。这种超广角镜头，其直径只有2.5毫米，相当于昆虫眼睛大小。这种镜头将首先用于监控系统，今后也有可能被安装到手机上或用于无人驾驶汽车的自动导航系统。研究人员还希望在这种镜头的基础上开发出微型医用内窥镜，以减轻病人接受检查时的痛苦并扩大镜头视野。

由此看来仿生学还是具有很大的研究潜力，这就需要大家努力地学习科学文化知识，善于思考，善于发现问题，解决问题，为成为一个为社会有用的人而奋斗！

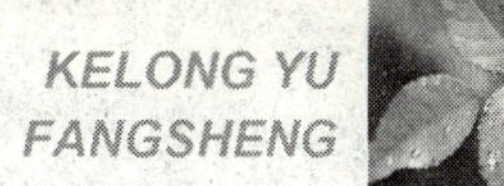

拓展思考

1. 什么是虫型飞机？
2. 人们通过什么手段对果蝇进行生物学改造？
3. 什么被称为“皇冠上的明珠”？
4. 什么是 ommatidia 视觉系统单位？